W0201817

SABER HACER contigo

3 PRIMARIA Matemáticas

El libro **Matemáticas** para el 3.er curso de Primaria es una obra colectiva concebida, diseñada y creada en el Departamento de Ediciones Educativas de Santillana Educación, S. L., dirigido por **Teresa Grence Ruiz**.

En su elaboración ha participado el siguiente equipo:

TEXTO Y EDICIÓN
José Antonio Almodóvar Herráiz
Pilar García Atance
Domingo Sánchez Figueroa
Magdalena Rodríguez Pecharromán

ILUSTRACIÓN
José Luis Ágreda Yécora
Enrique Flores
Eduardo Leal Uguina

EDICIÓN EJECUTIVA
José Antonio Almodóvar Herráiz

DIRECCIÓN DEL PROYECTO
Domingo Sánchez Figueroa

DIRECCIÓN Y COORDINACIÓN EDITORIAL DE PRIMARIA
Maite López-Sáez Rodríguez-Piñero

Las actividades de este libro no deben ser realizadas en ningún caso en el propio libro. Las tablas, esquemas y otros recursos que se incluyen son modelos para que el alumnado los traslade a su cuaderno.

SANTILLANA
GRAZALEMA

SABER HACER contigo

Presentación del proyecto

Saber Hacer cumple cuatro años. Es un proyecto de éxito, pero, como la realidad educativa es cambiante, ha llegado el momento de actualizarlo. Por eso ha nacido **Saber Hacer Contigo**.

Saber Hacer Contigo incorpora importantes innovaciones metodológicas y pedagógicas que los docentes nos han reclamado para su práctica educativa, de ahí su nombre. El objetivo primordial es desarrollar en el alumnado las capacidades imprescindibles para los futuros ciudadanos y ciudadanas del siglo XXI:

Las habilidades de comunicación

La comunicación es uno de los ejes esenciales del proyecto. A través de diferentes programas, presentes en todas las áreas, se trabajan las destrezas comunicativas:

- **Tiempo para hablar.** Comunicación oral.
- **Tiempo para leer.** Competencia lectora.
- **Tiempo para escribir.** Comunicación escrita.

Las destrezas de pensamiento

Aprender a pensar y desarrollar el razonamiento lógico son otros de los ejes de Saber Hacer Contigo. Para ello se trabajan aquellas estrategias y rutinas que son necesarias para lograr un aprendizaje autónomo y eficaz, con el objetivo de que los alumnos y las alumnas adquieran habilidades de pensamiento de orden superior:

- Fortalecer la comprensión y sintetizar las ideas más importantes.
- Retener y recordar la información.
- Interrelacionar conocimientos entre sí.

La interiorización de estas estrategias y rutinas facilitará el control del pensamiento y una mayor eficacia a la hora de aplicar los nuevos conocimientos. A lo largo de las unidades se incluye una sección destinada al entrenamiento del pensamiento, que se destaca con un **sombrero de color azul**.

La inteligencia emocional

La educación de las emociones es esencial para la educación integral del alumnado. Los objetivos fundamentales que se plantean en Saber Hacer Contigo versan en torno a estos aspectos:

- La identificación de las emociones propias y ajenas.
- La autogestión y la regulación emocional.
- La expresión de las emociones.
- Las habilidades sociales y la empatía.

Un **sombrero de color rojo** enmarca las actividades y propuestas encaminadas de forma específica al desarrollo de la inteligencia emocional.

La creatividad

La creatividad implica tener una imaginación viva, ser capaz de adaptarse a diferentes contextos y dar respuestas originales a situaciones o problemas inesperados. En nuestros libros se trabajan básicamente estas capacidades:

- La búsqueda de estrategias personales e innovadoras.
- La utilización de formas creativas de expresión.

Las actividades que implican poner en juego la creatividad de manera especial se identifican con un **sombrero de color verde**.

El trabajo cooperativo

Con el objetivo de que los alumnos y las alumnas desarrollen su capacidad de cooperar y sean capaces de trabajar juntos para alcanzar un objetivo común, en este proyecto se proponen actividades que requieren diferentes niveles de agrupamiento:

- Trabajo por parejas.
- Trabajo en equipo.
- Trabajo en grupo-clase.

Estas actividades se identifican con distintos iconos.

Además, al finalizar cada trimestre se incluye un pequeño proyecto denominado **Cooperamos**, en el que se ponen en juego diferentes técnicas de aprendizaje cooperativo.

La autorregulación del aprendizaje

En Saber Hacer Contigo el alumnado tiene un papel activo en el proceso de enseñanza y se promueve la reflexión personal sobre su propio aprendizaje para mejorar el conocimiento de sí mismos y detectar fortalezas y debilidades.

A lo largo de las unidades se incluyen pequeñas rúbricas para que los alumnos y alumnas tomen conciencia de lo que han aprendido y valoren cómo lo han hecho.

Por último, atendiendo a los últimos avances de la neurociencia, Saber Hacer Contigo incorpora una propuesta de **GAMIFICACIÓN** para activar la emoción y la curiosidad del alumnado, grandes palancas del aprendizaje. En el proyecto se ofrecen dinámicas propias del juego que ayudarán a transformar el aula, creando un ambiente estimulante y motivador.

Índice

Cuadro de contenidos

Unidades	Información y actividades
1. Números de cuatro y cinco cifras	• Números de tres cifras • Números de cuatro cifras • Números de cinco cifras • Números ordinales • Aproximaciones
2. Sumas y restas	• Sumas • Restas • Estimación de sumas y restas • Problemas de dos operaciones Tratamiento de la información. Coordenadas de casillas
3. Rectas y ángulos	• Segmento. Tipos de rectas • Ángulos • Medida de ángulos • Simetría y traslación
4. Multiplicación	• Tablas de multiplicar • Multiplicaciones sin llevar • Multiplicaciones llevando
5. Práctica de la multiplicación	• Multiplicación por dos cifras • Estimación de productos • Problemas de varias operaciones • Uso de la calculadora
6. División	• Repartos y división • División exacta y entera • Cálculo de divisiones • Prueba de la división • Mitad, tercio y cuarto Tratamiento de la información. Gráficos de barras de dos características
7. Práctica de la división	• Divisiones con divisor de una cifra • Divisiones con ceros en el cociente • Problemas de varias operaciones
8. Figuras planas	• Polígonos • Clasificación de triángulos • Clasificación de cuadriláteros • Perímetro de un polígono • Área con un cuadrado unidad • Circunferencia y círculo
9. Fracciones y decimales	• Fracciones • Unidades decimales • Números decimales • Comparación de números decimales • Suma de números decimales • Resta de números decimales
10. Unidades de medida	• El metro y el centímetro • El milímetro • El kilómetro • El kilogramo y el gramo • El litro y el centilitro Tratamiento de la información. Gráficos lineales
11. Medida del tiempo	• El reloj de agujas • El reloj digital • Hora, minuto y segundo
12. Cuerpos geométricos	• Poliedros: prismas y pirámides • Prismas y pirámides: clasificación • Cuerpos redondos

Solución de problemas	Cálculo mental	Saber hacer	Matemáticas manipulativas
• Pasos para resolver un problema	• Sumar decenas y centenas • Restar decenas y centenas	• Analizar publicidad	• Juega con los números
• Reconstruir el enunciado	• Sumar decenas a números de 2 cifras • Restar decenas a números de 2 cifras	• Analizar datos hoteleros	• Juega con sumas y restas
• Completar enunciados	• Sumar 11 a números de dos cifras • Restar 11 a números de dos cifras	• Describir caminos en un plano	• Juega con los ángulos
• Sacar conclusiones de un enunciado	• Sumar 9 a números de dos cifras • Restar 9 a números de dos cifras	• Calcular precios	• Juega con las tablas de multiplicar
• Averiguar e inventar el dato que falta	• Multiplicar un número de una cifra por decenas, centenas y millares	• Organizar un viaje	• Juega con las multiplicaciones
• Averiguar el dato que sobra e inventar una pregunta	• Multiplicar un número de dos o tres cifras por 10, 100 y 1.000 • Multiplicar decenas y centenas por decenas	• Planificar repartos	• Juega con los repartos
• Ordenar los datos	• Hallar el doble de un número de dos cifras	• Organizar actividades	• Juega con las divisiones
• Extraer datos de la resolución de un problema	• Calcular la mitad de decenas y centenas	• Describir formas geométricas	• Juega con los polígonos
• Elegir las preguntas que se pueden responder	• Calcular la mitad de un número de dos o tres cifras con todas las cifras pares	• Recubrir una terraza	• Juega con las fracciones
• Elegir la pregunta que se responde con unos cálculos	• Sumar 21 a números de dos cifras • Restar 21 a números de dos cifras	• Planificar envíos	• Juega con las medidas
• Elegir la pregunta para problemas de dos operaciones	• Sumar 101, 201... • Restar 101, 201...	• Averiguar qué tiempo hará a una hora	• Juega con las horas
• Elegir la solución más razonable	• Sumar 99, 199... • Restar 99, 199...	• Elegir la mejor forma	• Juega con cuerpos geométricos

Símbolos utilizados en este libro

Indica las actividades en las que trabajarás junto con tu compañero o compañera.

Para realizar estas actividades, tendrás que trabajar en equipo.

Sombreros de colores

Es el sombrero del pensamiento. Te lo pondrás para reflexionar y sacar conclusiones.

Es el sombrero de la creatividad. Con él pondrás en juego tu imaginación para aportar ideas originales.

Es el sombrero de las emociones. Lo usarás para expresar lo que sientes y ponerte en el lugar de los demás.

Comenzamos

- ¿Has hecho fotos de tus vacaciones este verano? ¿Eran más de 100 o menos?
- ¿Has usado los números en alguna situación? ¿Cuántas cifras tenían esos números?
- ¿En qué momentos has usado las operaciones? ¿Te acordabas de cómo se hacían?
- ¿A qué hora te levantabas? ¿Cuándo te ibas a dormir? ¿Cómo se escriben esas horas?

Comenzamos

1 Observa el ejemplo y escribe la descomposición y cómo se lee cada número.

125 = 1 centena + 2 decenas + 5 unidades = 100 + 20 + 5

125 ▶ ciento veinticinco

- 267
- 573
- 615
- 734
- 802
- 940

2 Escribe en tu cuaderno cada número y cómo se lee.

5 D + 8 U = 58 ▶ cincuenta y …

3 Ordena cada grupo de números como se indica.

DE MENOR A MAYOR

87 352 78 325

… < … < … < …

DE MAYOR A MENOR

726 762 627 72 672

… > … > … > … > …

4 Coloca los números y calcula en tu cuaderno.

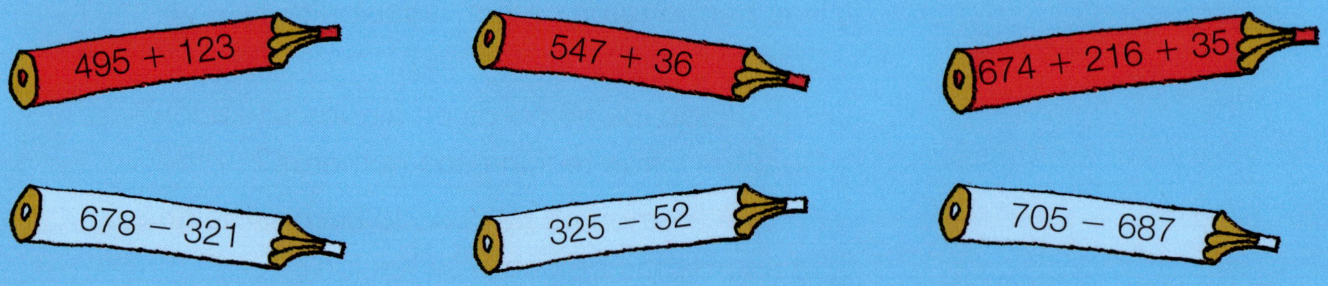

5 **Coloca los números en tu cuaderno y multiplica.**

- 43 × 2
- 32 × 3
- 52 × 4
- 71 × 5
- 61 × 7
- 90 × 8
- 321 × 3
- 102 × 4

6 **Dibuja y escribe la división.**

- Reparte en partes iguales 15 chinchetas en 3 cajas.

  … : … = …

- Reparte en partes iguales 24 caramelos en 4 botes.

  … : … = …

7 **Cuenta y escribe el número de lados y de vértices de cada polígono.**

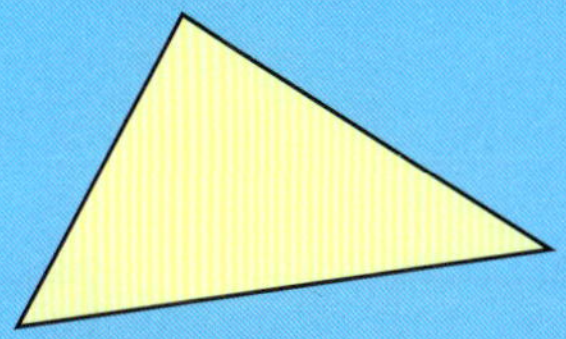

Lados ▶ …
Vértices ▶ …

Lados ▶ …
Vértices ▶ …

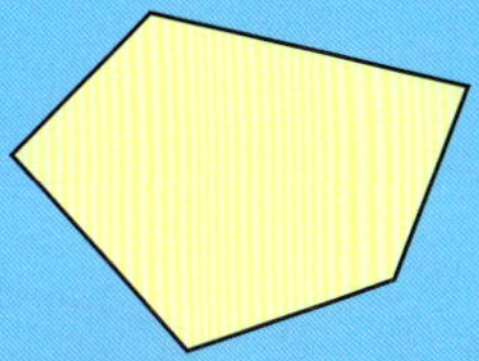

Lados ▶ …
Vértices ▶ …

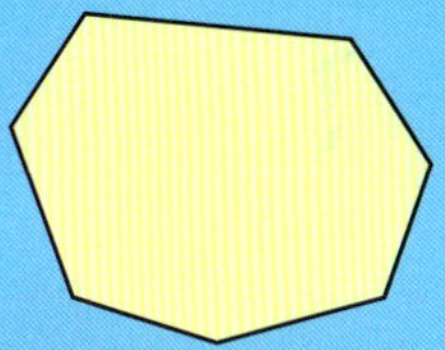

Lados ▶ …
Vértices ▶ …

8 **Escribe el nombre de cada cuerpo geométrico.**

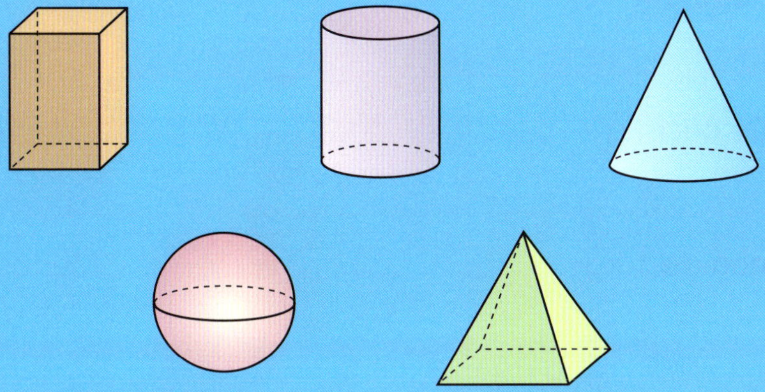

9 Dibuja en tu cuaderno el dinero que entrega cada persona.

- María compra un rotulador que cuesta 2 euros y 70 céntimos. ¿Qué monedas entrega?

- Luis compra una entrada de cine que cuesta 6 €. ¿Qué dinero entrega?

10 Escribe la hora que marca cada reloj.

11 Calcula cuántos centímetros son.

1 m y 12 cm | 2 m y 6 cm | 3 m y 24 cm | 4 m y 70 cm

1 m y 12 cm = … cm + … cm = … cm

12 Estima y escribe la mejor medida.

Más de 1 kg

Menos de 1 kg

Más de 1 ℓ

Menos de 1 ℓ

13 **Lee y resuelve en tu cuaderno.**

- En una piscina hay 95 adultos y 78 niños. ¿Cuántas personas hay en total?

- De los 95 adultos, 34 son hombres y el resto mujeres. ¿Cuántas mujeres hay en la piscina?

- En un parque infantil hay 12 niñas y 3 niños menos que niñas. ¿Cuántos niños y niñas hay en total en el parque?

- Mario ha vendido 74 helados a 2 euros cada uno. ¿Cuánto dinero ha obtenido por la venta de todos los helados?

- María ha comprado un mando y lo ha pagado con 7 billetes de 5 euros y 3 monedas de 1 euro. ¿Cuánto costaba el mando?

Antes de empezar

Cálculo mental

Suma decenas y centenas

70 + 60 = 130

20 + 70
40 + 60
50 + 30
70 + 50

300 + 600 = 900

400 + 300
700 + 200
200 + 600
500 + 300

Resta decenas y centenas

70 − 20 = 50

40 − 20
70 − 50
50 − 30
80 − 60

800 − 300 = 500

600 − 200
400 − 100
800 − 400
900 − 500

Un número, varias sumas o varias restas

Escribe tres sumas y tres restas cuyo resultado sea cada número.

- 60
- 30
- 500
- 600

Pequeños problemas

Calcula mentalmente

1. En un almacén había 800 cajas de peras. Hoy se ha llevado un camión 500 cajas. ¿Cuántas cajas quedan?

2. En un autobús iban 40 personas. En la primera parada se bajaron 10 y subieron 20 personas más. ¿Cuántas personas viajan ahora en el autobús?

¿Qué sabes ya?

Las unidades, las decenas y las centenas

1 unidad ▸ 1 U

C	D	U
		1

1 se lee uno.

1 decena ▸ 1 D = 10 U

C	D	U
	1	0

10 se lee diez.

1 centena ▸ 1 C = 100 U

C	D	U
1	0	0

100 se lee cien.

1 **Completa en tu cuaderno.**

- 2 decenas = … unidades
- 9 centenas = … unidades

2 **¿Cuántas unidades son?**

- 2 D y 8 U
- 6 D y 4 U
- 5 C y 7 D
- 9 C y 1 U

1 Números de cuatro y cinco cifras

Tiempo para hablar

- ¿Cuántos metros de longitud tiene el crucero Ligero? ¿Y el Delfín?
- ¿Qué cruceros miden más de 70 m de longitud?
- ¿Qué crucero tiene mayor longitud? ¿Y menor longitud?
- Utiliza las palabras *decena* y *unidades* y explica las diferencias entre las longitudes de los cruceros Ligero y Bahía.

SABER HACER

Analizar publicidad.

Números de tres cifras

Para celebrar el comienzo del curso, en el colegio de Miguel hay una fiesta de bienvenida. Asisten 253 personas en total.

El número 253 tiene tres cifras.

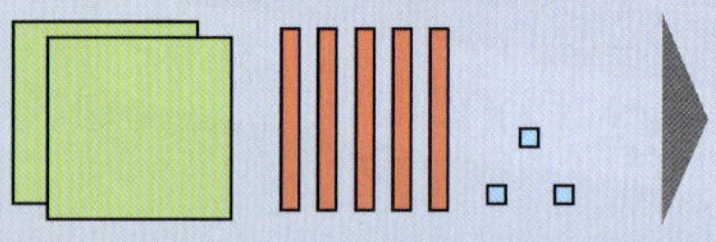

C	D	U
2	5	3

253 = 2 C + 5 D + 3 U

253 = 200 + 50 + 3

253 se lee doscientos cincuenta y tres.

Los números de tres cifras están formados por centenas, decenas y unidades.

1 Completa en tu cuaderno.

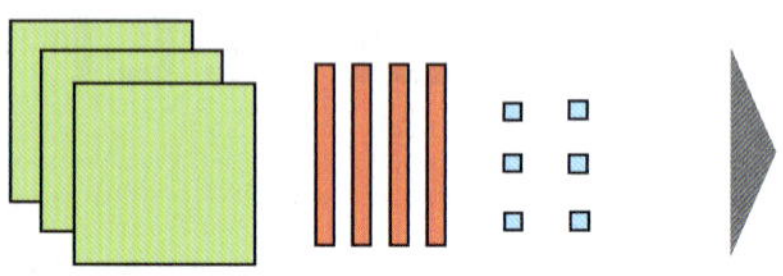

C	D	U

346 = … C + … D + … U

346 = … + … + …

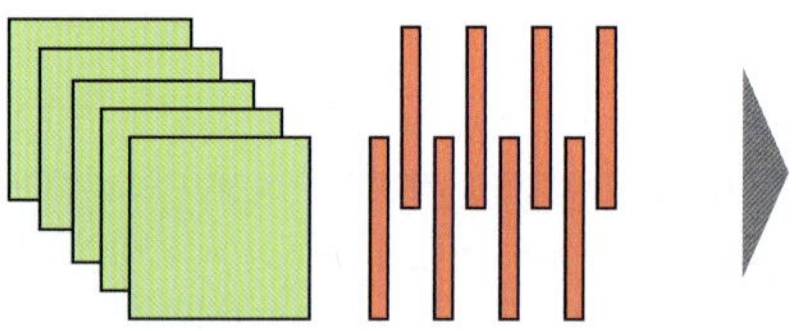

C	D	U

… = … C + … D

… = … + …

2 Observa el ejemplo y descompón cada número representado en el ábaco.

EJEMPLO

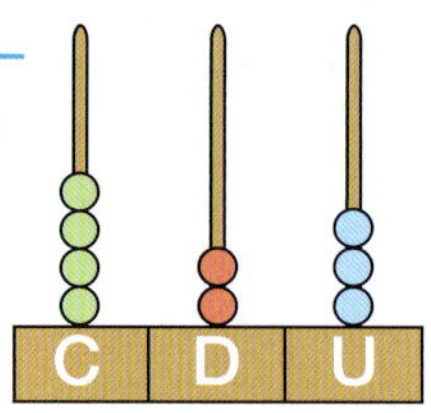

4 C + 2 D + 3 U

400 + 20 + 3

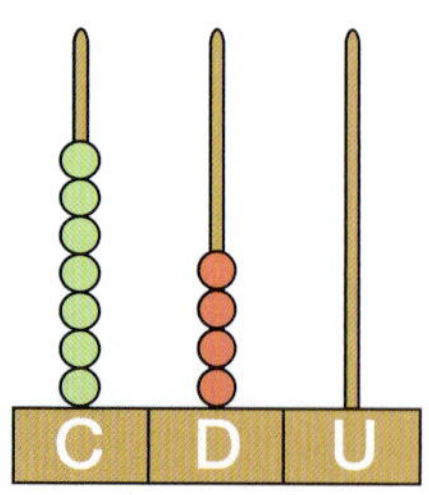

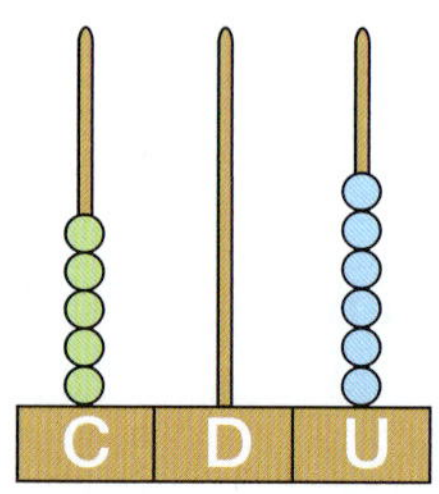

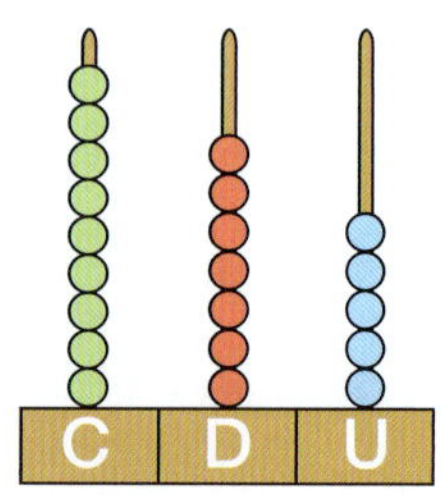

3 **Copia los números en tu cuaderno y rodea.**

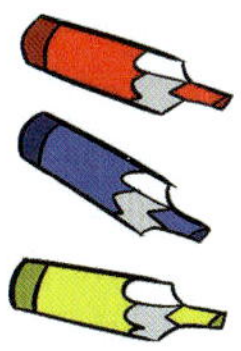

El valor en unidades de su cifra 8 es igual a 8.

El valor en unidades de su cifra 8 es igual a 80.

El valor en unidades de su cifra 8 es igual a 800.

4 **Escribe con letras o con cifras cada número.**

- Doscientos setenta y dos.
- Quinientos noventa y siete.
- Ochocientos cincuenta.
- Novecientos ocho.

Problemas

5 **Lee y resuelve.**

Un grupo de amigos ha ido a la estación de autobuses.
Ana tiene que coger el autobús setecientos cincuenta.
Borja coge el autobús seiscientos nueve.
Victoria toma el autobús novecientos dieciséis.
Mario espera el autobús ochocientos diecinueve.

- ¿De qué color es el autobús que coge cada amigo?
- ¿Qué número tiene el otro autobús que hay en la estación? Escribe cómo se lee.

CREATIVIDAD

Asigna a cada número del 0 al 9 una palabra. Después, escribe números que formen una frase.

EJEMPLO

0 Estrella 1 Blanca 2 Grande …

102 → Blanca estrella grande

Números de cuatro cifras

Hoy se ha estrenado la nueva función de circo y ha sido un éxito.
¿Cuántas entradas se han vendido en total?

10 centenas = 1 **unidad de millar** o 1 **millar**

10 C = 1 UM

UM	C	D	U
1	0	0	0

1 UM = 1.000 U

1.000 se lee mil.

10 centenas = 1 unidad de millar = 1.000 unidades   1.000 se lee mil.

1 **Copia y completa en tu cuaderno.**

- 30 centenas = … unidades de millar
- 40 centenas = … unidades de millar
- 60 centenas = … unidades de millar
- 90 centenas = … unidades de millar

2 **Escribe cuántas unidades son y cómo se lee el número.**

- 2 unidades de millar.
- 3 unidades de millar.
- 5 unidades de millar.
- 6 unidades de millar.
- 8 unidades de millar.
- 9 unidades de millar.

EJEMPLO
4 unidades de millar = 4.000 U
4.000 se lee cuatro mil.

3 **Descompón cada número y escribe cómo se lee.**

EJEMPLO
1.483

UM	C	D	U
1	4	8	3

1.483 = 1 UM + 4 C + 8 D + 3 U

1.483 = 1.000 + 400 + 80 + 3

1.483 se lee mil cuatrocientos ochenta y tres.

- 3.987
- 2.050
- 4.103
- 6.320

4 **Escribe con letras o con cifras cada número.**

Con letras

- 2.786
- 4.915
- 6.098
- 8.590
- 9.206
- 9.009

Con cifras

- Tres mil doscientos veinte.
- Siete mil quinientos veintidós.
- Siete mil setecientos.
- Nueve mil cuarenta y tres.

5 **Compara cada pareja de números y escribe el signo correspondiente.**

HAZLO ASÍ

Compara 1.483 y 1.490

UM	C	D	U
1	4	8	3
1	4	9	0

1 = 1
4 = 4
8 < 9
▼
1.483 < 1.490

- 3.987 y 4.002
- 7.140 y 7.129
- 8.392 y 8.397
- 5.296 y 5.301
- 6.357 y 6.341
- 9.035 y 9.053

Problemas

6 **Resuelve.**

- Leandro ha recibido hoy en su librería material nuevo:
  - 2 cajas con 100 carpetas cada una y 1 caja con 1.000.
  - 6 cajas con 100 lápices cada una y 1 caja con 1.000.
  - 2 cajas con 1.000 cartulinas cada una y 3 cajas con 100.
  - 3 cajas con 1.000 clips cada una y 2 cajas con 100.

  ¿Cuántas unidades de cada artículo ha recibido?

- Para la construcción de un gimnasio han llevado 9 contenedores con 1.000 ladrillos cada uno, 8 contenedores con 100 ladrillos y 7 contenedores con 10. ¿Cuántos ladrillos han llevado?

7 **Piensa y contesta.**

El peso máximo que se puede cargar en un ascensor es mayor que 1.450 kg y menor que 1.455 kg. La suma de las cifras del peso máximo es igual a 13. ¿Cuántos kilos se pueden cargar, como máximo, en el ascensor?

Números de cinco cifras

Jorge ve cómo cargan en un barco 10 contenedores de 1.000 kilos cada uno.

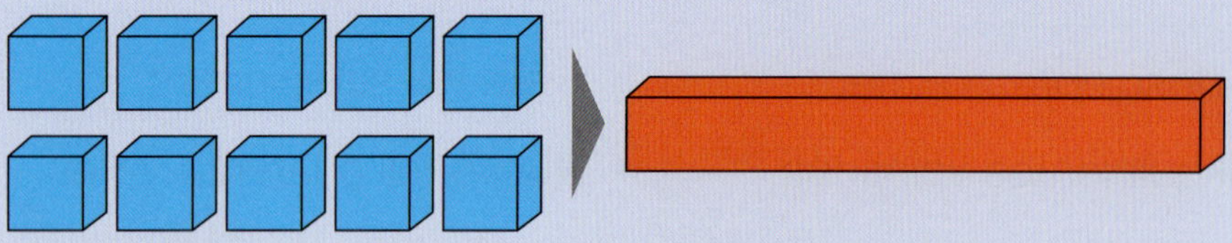

10 unidades de millar = 1 **decena de millar**

10 UM = 1 DM

DM	UM	C	D	U
1	0	0	0	0

1 DM = 10.000 U

10.000 se lee diez mil.

10 unidades de millar = 1 decena de millar = 10.000 unidades

10.000 se lee diez mil.

1 Descompón cada número y escribe cómo se lee.

EJEMPLO 25.785

DM	UM	C	D	U
2	5	7	8	5

25.785 = 2 DM + 5 UM + 7 C + 8 D + 5 U

25.785 = 20.000 + 5.000 + 700 + 80 + 5

Veinticinco mil setecientos ochenta y cinco.

- 26.789
- 32.650
- 80.010
- 20.600
- 45.003
- 70.090

2 Escribe con cifras cada número.

- Doce mil ciento veintiuno.
- Setenta y dos mil trece.
- Ochenta y cuatro mil dos.

3 Compara y escribe el signo correspondiente.

HAZLO ASÍ

Compara 23.567 y 20.165

2 = 2

3 > 0

23.567 > 20.165

- 18.920 y 32.560
- 34.780 y 39.000
- 48.980 y 48.760
- 60.700 y 61.000
- 53.651 y 53.650
- 85.605 y 85.650
- 90.210 y 90.201
- 74.999 y 75.002

Números ordinales

Varios colegios han organizado una carrera. Observa en qué orden llegaron los 20 primeros alumnos y alumnas clasificados.

1.º Primero.	11.º Undécimo.
2.º Segundo.	12.º Duodécimo.
3.º Tercero.	13.º Decimotercero.
4.º Cuarto.	14.º Decimocuarto.
5.º Quinto.	15.º Decimoquinto.
6.º Sexto.	16.º Decimosexto.
7.º Séptimo.	17.º Decimoséptimo.
8.º Octavo.	18.º Decimoctavo.
9.º Noveno.	19.º Decimonoveno.
10.º Décimo.	20.º Vigésimo.

Los números ordinales indican el orden o la posición.

1 **Fíjate en el cuadro y escribe en tu cuaderno cómo se lee cada número ordinal.**

- 4.º
- 8.º
- 10.º
- 11.º
- 12.º
- 14.º
- 17.º
- 19.º
- 20.º

2 **Lee y contesta en tu cuaderno.**

Silvia vive en el piso decimotercero. Su amiga Clara vive tres pisos por encima de ella, y su amigo Raúl, dos pisos por debajo.
¿En qué piso vive Clara? ¿En cuál vive Raúl?

3 **Fíjate en el cartel y resuelve.**

- ¿Cuántos premios dieron en el concurso de cuentos?
- María recibió un premio de 50 €. ¿En qué dos puestos pudo quedar?
- ¿En qué puestos quedaron las cuatro personas que recibieron un premio de 20 €?
- ¿En qué puestos quedaron las cinco personas que recibieron un premio de 10 €?

Aproximaciones

En un carril para bicicletas hay un poste cada 100 metros.
Julio está a 327 metros de la salida.
¿Dónde encontrará el poste más cercano?

Aproxima 327 a la centena más cercana

1.º Busca entre qué centenas está el número 327.

327 está entre las centenas 300 y 400.

327

300 310 320 330 340 350 360 370 380 390 **400**

2.º Compara su cifra de las decenas con 5.

327 ▸ 2 < 5 ▸ Elige la centena menor: 300.

La centena más cercana a 327 es 300.

Julio encontrará el poste más cercano a 300 metros de la salida.

1 **Observa la recta anterior y aproxima cada número a la centena más cercana.**

EJEMPLO

368 está entre 300 y 400.

6 > 5 ▸ Elige la centena mayor: 400.

La centena más cercana a 368 es 400.

2 **Observa la recta y aproxima cada número a la centena más cercana.**

PRESTA ATENCIÓN

Fíjate entre qué centenas está cada número y en su cifra de las decenas.

100 200 300 400 500 600 700 800 900

- 138
- 374
- 512
- 785
- 243
- 460
- 691
- 825

3 **Aproxima cada número al millar más cercano.**

HAZLO ASÍ

Aproxima 2.329 al millar más cercano

1.º Busca entre qué millares está el número 2.329.

2.329 está entre los millares 2.000 y 3.000.

2.º Compara su cifra de las centenas con 5.

3 < 5 ▸ Elige el millar menor: 2.000. ▶ El millar más cercano a 2.329 es 2.000.

- 2.420
- 2.932
- 4.890
- 5.179
- 6.321
- 8.936
- 7.790
- 9.210
- 8.624

Problemas

4 **Observa el dibujo y contesta.**

- Jaime está en Marlo y toma un tren con destino al pueblo que está a unos 300 km. ¿A qué pueblo se dirige Jaime? ¿A cuántos kilómetros está este pueblo de Marlo?
- ¿A cuántos kilómetros aproximadamente está Valle de Marlo?
- Natalia coge un avión en Marlo y recorre unos 2.000 km aproximadamente. ¿A qué ciudad ha ido Natalia? ¿A cuántos kilómetros está esa ciudad de Marlo?

PENSAMIENTO

¿Qué número es? Lee y escríbelo con letra.

- Es un número que se lee igual de izquierda a derecha que de derecha a izquierda.
- Su millar más cercano es 5.000.

COMPRUEBO MI PROGRESO

1 **Descompón cada número.**

EJEMPLO
148 = 1 C + 4 D + 8 U =
= 100 + 40 + 8

- 194
- 328
- 2.576
- 5.792
- 207
- 460
- 3.609
- 4.850

2 TIEMPO PARA HABLAR. **Explica cómo hallas el valor de una cifra en un número según la posición que ocupa.**

3 **Escribe el valor en unidades de la cifra en rojo de cada número.**

EJEMPLO 459 ▸ 4 C = 400 U

- 289
- 618
- 3.603
- 5.291
- 476
- 812
- 7.532
- 6.974

4 **Escribe.**

Los números comprendidos entre 369 y 384.

Los números mayores que 2.778 y menores que 2.793.

5 **Ordena cada grupo de números.**

De menor a mayor:

- 345, 456, 289 y 190
- 1.618, 3.861, 2.189 y 1.980

De mayor a menor:

- 516, 816, 618 y 880
- 5.489, 7.984, 7.893 y 8.943

6 **Escribe cada número.**

- 1 DM + 2 UM + 5 C + 6 D + 8 U
- 2 DM + 6 UM + 8 C + 9 D
- 4 DM + 1 UM + 3 C + 6 U
- 8 DM + 7 UM + 9 D + 8 U

7 **Escribe con cifras y, después, ordena los números de mayor a menor.**

- Quince mil doscientos veinticinco.
- Veinte mil novecientos setenta y dos.
- Sesenta y ocho mil cincuenta y seis.
- Noventa mil setecientos noventa.

8 **Escribe con letras o con cifras.**

- 13.°
- 18.°
- 17.°
- 19.°
- Duodécimo
- Undécimo
- Decimoquinto

9 **Aproxima como se indica.**

- A las centenas: 232, 579, 816.
- A los millares: 3.410, 8.790, 9.230.

Problemas

10 En un colegio venden papeletas de colores y sortean distintos premios.

Rojo	Números desde 1 hasta 1.000
Amarillo	Números desde 1 hasta 1.500
Verde	Números desde 1 hasta 2.000

- ¿Pueden tener las papeletas amarillas el número 1.450? ¿Y el 1.550?
- Maribel compra una papeleta con el número 1.278. ¿De qué colores puede ser?

11 La familia de Gustavo quiere comprar un coche.

Modelo A ▸	10.250 €
Modelo B ▸	9.990 €
Modelo C ▸	18.300 €
Modelo D ▸	14.990 €

- ¿Cuánto cuesta el coche más barato? ¿Y el coche más caro?
- ¿Qué modelos cuestan más de once mil euros?

12 Fíjate en qué indica la señal y contesta.

Prohibido el paso de vehículos que pesen más de 13 toneladas.

13 toneladas = 13.000 kilos

- ¿Qué indica cada señal?

- ¿Qué camiones pueden pasar por el puente? Explica por qué.

¿CÓMO LO HE HECHO? **Responde en tu cuaderno.**

- ¿Sé leer y escribir números de cuatro y cinco cifras?
- ¿Sé leer y escribir números ordinales?
- ¿Aproximo números a la centena o al millar más cercano?

Pon nota a tu trabajo en esta unidad.

Analizar publicidad

Sara y su familia quieren hacer un viaje en crucero. En la agencia de viajes han conseguido un folleto con varias ofertas. Sara lee los datos más importantes de algunos barcos.

Cabo Norte	Veloz	Delta	Viajero
Longitud: 333 metros.	**Longitud:** 320 metros.	**Longitud:** 345 metros.	**Longitud:** 336 metros.
Plazas del comedor: 1.626 personas.	**Plazas del comedor:** 1.653 personas.	**Plazas del comedor:** 680 personas.	**Plazas del comedor:** 1.630 personas.
Plazas del cine: 1.762 personas.	**Plazas del cine:** 1.653 personas.	**Plazas del cine:** 640 personas.	**Plazas del cine:** 1.648 personas.
Plazas del auditorio: 1.346 personas.	**Plazas del auditorio:** 1.371 personas.	**Plazas del auditorio:** 990 personas.	**Plazas del auditorio:** 1.350 personas.

1 **¿Cuántos metros de longitud tienen estos cruceros? Descompón cada número y escríbelo con letras.**

Cabo Norte 333 = 3 C + … Trescientos …

2 **Ordena los cuatro barcos según estos criterios.**

- De mayor a menor número de plazas en el comedor.
- De menor a mayor número de plazas en el cine.
- De mayor a menor número de plazas en el auditorio.

3 **Contestad.**

En otro folleto había un barco cuya longitud era menor que la del segundo barco más largo y mayor que la del tercer barco más largo. ¿Qué posibles longitudes podía tener?

Juega con los números

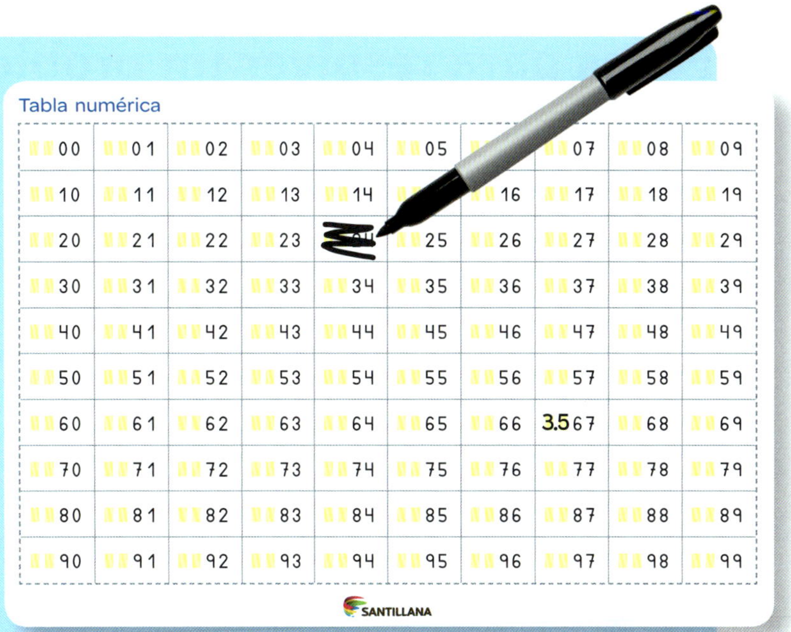

Material: Tabla numérica.
Un rotulador.

Número de participantes: 5

Reglas del juego:

Por turnos, uno de los participantes, sin que los demás le vean, añade las centenas y las unidades de millar en un número de la tabla numérica. Después, tacha 10 números de la tabla.

El resto de participantes tienen que adivinar los números tachados y escribirlos en su cuaderno de menor a mayor. Los que lo consigan obtienen 1 punto.

Gana el jugador o jugadora que consiga primero 6 puntos.

1. Estas casillas pertenecen a una tabla numérica. Encontrad el número que corresponde a cada figura geométrica.

Retos matemáticos

Tachar pares

Imaginad la hoja de un calendario en el que figuran todos los días del mes de marzo. Si tacháis los números que tienen al menos una de sus cifras pares, ¿cuántos días quedan?

Solución de problemas

Pasos para resolver un problema

Vamos a resolver el problema siguiendo estos cuatro pasos.

Ayer vinieron a ver una película 640 personas.
Hoy han venido 95 personas menos.
¿Cuántas personas han venido hoy a ver la película?

1.º Comprende.

Datos ▸ Ayer vinieron a ver la película 640 personas.
Hoy han venido 95 personas menos.

Pregunta ▸ ¿Cuántas personas han venido hoy a ver la película?

2.º Piensa en qué hay que hacer.

Como hoy han venido 95 personas menos, hay que restar 95 a las personas que vinieron ayer.

3.º Calcula.

$$\begin{array}{r} 640 \\ -\ 95 \\ \hline 545 \end{array}$$

Solución: Hoy han venido 545 personas.

4.º Comprueba.

Revisa bien todo lo que has hecho.

Lee atentamente cada problema y resuelve siguiendo los cuatro pasos.

1. En un juego de ordenador, Juan consiguió 125 puntos. Su hermana logró 74 puntos más que él. ¿Cuántos puntos consiguió su hermana?

2. En la biblioteca había 250 libros. Se han llevado prestados 59 libros. ¿Cuántos libros quedan en la biblioteca?

3. Paula compró para su granja 38 conejos. Después, compró 90 gallinas más que conejos. ¿Cuántas gallinas tiene Paula en la granja?

1 Descompón cada número.

C	D	U
3	4	8

C	D	U
2	9	0

C	D	U
6	9	5

C	D	U
8	0	7

2 Escribe con cifras.

- Veinticinco.
- Treinta y cuatro.
- Cincuenta y siete.
- Noventa y seis.
- Cuatrocientos treinta y ocho.
- Ochocientos setenta y nueve.

3 Escribe cinco números más.

- 0, 5, 10, 15, …
- 10, 20, 30, 40, …
- 50, 45, 40, 35, …
- 100, 90, 80, 70, …

4 Coloca los números y calcula.

48 + 16 | 54 + 17 | 67 + 9 | 82 – 28 | 90 – 16 | 75 – 9

29 + 5 + 15 | 8 + 12 + 36 | 14 + 32 + 6 | 15 + 22 + 10

5 Repasa las tablas y completa en tu cuaderno.

2 × 4 = …	3 × 5 = …	3 × 8 = …	4 × 2 = …	4 × 7 = …
2 × 7 = …	3 × 6 = …	3 × 9 = …	4 × 3 = …	4 × 9 = …

Problemas

6 En el patio del colegio había un total de 48 niños y niñas. Estaban jugando al baloncesto 18. ¿Cuántos no estaban jugando al baloncesto?

7 Emilio ha vendido 49 helados de vainilla y 9 helados de chocolate más que de vainilla. ¿Cuántos helados de chocolate ha vendido?

8 Para una exposición de pintura se vendieron 94 entradas de adultos, 87 infantiles y 43 especiales. ¿Cuántas entradas se vendieron en total?

9 Para celebrar su cumpleaños, Berta compra una tarta por 18 € y una bandeja de pasteles por 21 €. ¿Cuánto costaron los pasteles más que la tarta?

Cálculo mental

Suma decenas a números de dos cifras

26 + 70 = 96

24 + 60 49 + 30

68 + 20 71 + 20

47 + 80 = 127

29 + 80 52 + 60

46 + 70 84 + 90

Resta decenas a números de dos cifras

89 − 40 = 49

32 − 20 53 − 30

61 − 50 85 − 70

Pequeños problemas

Calcula mentalmente

1. En mi cartera llevaba 65 €. He comprado un libro de 30 €. ¿Cuánto dinero me queda?
2. Un tren llevaba 44 pasajeros. En la primera estación se han subido 30 personas más. ¿Cuántos pasajeros lleva ahora el tren?

Un número, varias sumas o varias restas

Escribe tres sumas y tres restas cuyo resultado sea 57.

¿Qué sabes ya?

Suma de dos números llevando

Suma 387 + 65

1.º Coloca los números.

2.º Suma las unidades: 7 y 5 son 12; escribe 2 y te llevas 1.
Suma las decenas: 1, 8 y 6 son 15; escribe 5 y te llevas 1.
Suma las centenas: 1 y 3 son 4.

	C	D	U	
	3	8	7	◀ sumando
+		6	5	◀ sumando
	4	5	2	◀ suma o total

Resta llevando

Resta 574 − 283

1.º Coloca los números.

2.º Resta las unidades: de 3 a 4 va 1.
Resta las decenas: de 8 a 17 van 9 y te llevas 1.
Resta las centenas: 2 y 1 son 3; de 3 a 5 van 2.

	C	D	U	
	5	7	4	◀ minuendo
−	2	8	3	◀ sustraendo
	2	9	1	◀ diferencia

1 **Calcula en tu cuaderno.**

- 54 + 87
- 329 + 643
- 95 + 475
- 61 − 27
- 482 − 164
- 293 − 58

2 Sumas y restas

Tiempo para hablar

- Diego quiere comprar unas gafas, unas botas y un casco. ¿Cuánto tiene que pagar?
- Tenía ahorrados 200 €. ¿Tiene suficiente dinero para pagar todo? ¿Cuánto dinero le falta?
- Explica cómo calculas el dinero que te falta o te sobra cuando haces una compra.

SABER HACER

Analizar datos.

Sumas

En una verbena, 582 personas han subido en las camas elásticas, 3.197 en el tren y 6.056 en los coches de choque. ¿Cuántas personas han montado en total en las atracciones?

Suma 582 + 3.197 + 6.056

1.° Coloca los números:
escribe en cada columna las cifras del mismo orden.

2.° Suma las unidades: 2, 7 y 6 son 15. Escribe 5 y te llevas 1.
Suma las decenas: 1, 8, 9 y 5 son 23. Escribe 3 y te llevas 2.
Suma las centenas: 2, 5, 1 y 0 son 8.
Suma los millares: 3 y 6 son 9.

	UM	C	D	U
		5	8	2
	3	1	9	7
+	6	0	5	6
	9	8	3	5

En total han montado 9.835 personas.

1 Coloca los números y suma.

PRESTA ATENCIÓN

En algunas sumas te llevas 2.

- 2.783 + 3.469
- 5.631 + 784
- 31.704 + 9.536
- 18.736 + 45.093
- 9.735 + 361 + 542
- 7.256 + 468 + 37
- 608 + 42.957 + 4.825
- 15.763 + 9.427 + 28.614

2 Calcula cada pareja de sumas y contesta.

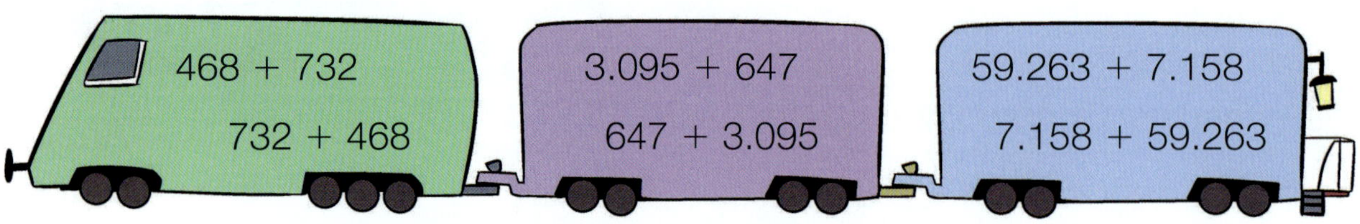

- ¿Son iguales los sumandos de las dos sumas? ¿Están colocados en el mismo orden?
- ¿Es igual el total de las dos sumas?
- ¿Influye el orden de los sumandos en el resultado de la suma?

3 **Suma primero las decenas o las centenas y calcula.**

- 2 + 50 + 30
- 40 + 8 + 10
- 6 + 30 + 70
- 90 + 4 + 20

EJEMPLO
60 + 5 + 10 = 70 + 5 = 75

- 7 + 400 + 100
- 300 + 9 + 600
- 39 + 200 + 500
- 500 + 25 + 400

EJEMPLO
3 + 600 + 200 = 800 + 3 = 803

Problemas

4 **Lee y resuelve.**

- En un almacén hay 3.438 botellas de refresco y 2.975 botellas de zumo. ¿Cuántas botellas hay en el almacén?
- En una fábrica se han envasado 2.368 latas de atún, 1.590 de sardinas y 782 de mejillones. ¿Cuántas latas se han envasado en total?

5 **Observa el dibujo y resuelve.**

Silvia y Daniel juegan una partida a los dardos. Observa el color de la zona donde han caído los tres dardos de cada uno y calcula.

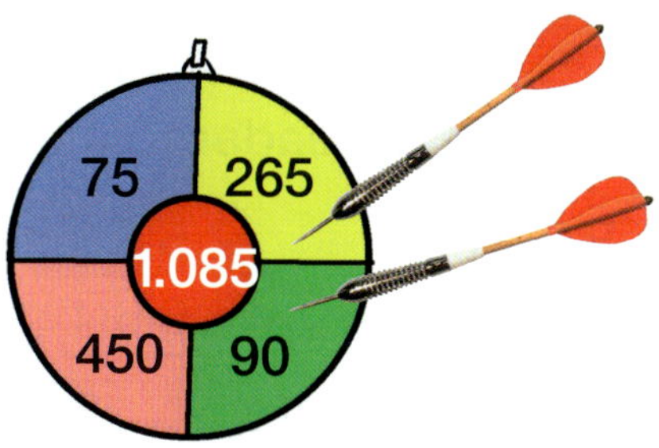

Silvia ▶ 

Daniel ▶ 

- ¿Cuántos puntos ha conseguido cada uno? ¿Quién ha ganado?

Piensa y completa en tu cuaderno cada suma para que cumpla la condición indicada. Después calcúlala.

Suma sin llevar	Te llevas 1	Te llevas 2
4 5	4 5	4 5
2 ■	2 ■	2 8
+ 1 2	+ 1 2	+ 1 ■

Restas

La familia de Alba está viajando por Europa. Quieren recorrer un total de 4.380 km y ya han hecho 1.967 km. ¿Cuántos kilómetros les faltan por recorrer?

Resta 4.380 – 1.967

1.º Coloca el minuendo y el sustraendo: escribe en cada columna las cifras del mismo orden.

2.º Resta las unidades: de 7 a 10 van 3. Me llevo 1.
Resta las decenas: 6 y 1 son 7; de 7 a 8 va 1.
Resta las centenas: de 9 a 13 van 4. Me llevo 1.
Resta los millares: 1 y 1 son 2; de 2 a 4 van 2.

UM	C	D	U
4	3	8	0
– 1	9	6	7
2	4	1	3

Les faltan por recorrer 2.413 km.

1 **Copia en tu cuaderno y calcula.**

$$\begin{array}{r} 8295 \\ -\ 6428 \\ \hline \end{array} \qquad \begin{array}{r} 7538 \\ -\ 964 \\ \hline \end{array} \qquad \begin{array}{r} 40867 \\ -\ 5391 \\ \hline \end{array}$$

2 **Escribe una resta con los tres números y contesta.**

4.086 | 1.392 | 5.478

- ¿Cuál es el minuendo? ¿Y el sustraendo?
- ¿Cómo se llama el resultado de la resta?
- ¿Qué término es el número mayor?

3 **Coloca los números y resta. Después, haz la prueba.**

RECUERDA

Prueba de la resta:

$$\begin{array}{r} \text{minuendo} \\ -\ \text{sustraendo} \\ \hline \text{diferencia} \end{array} \quad \blacktriangleright \quad \begin{array}{r} \text{sustraendo} \\ +\ \text{diferencia} \\ \hline \text{minuendo} \end{array}$$

- 5.682 – 3.457
- 9.138 – 7.264
- 45.270 – 29.352
- 73.621 – 54.863
- 2.509 – 738
- 6.243 – 956
- 17.415 – 8.239
- 80.264 – 371

4 **Escribe en tu cuaderno, con los tres números, dos sumas y dos restas.**

12	□	□	□
+ □	+ 12	− 12	− □
□	□	□	12

¿Qué término es igual en las dos sumas? ¿Y en las dos restas?

5 **Calcula el término que falta en cada resta.**

HAZLO ASÍ

- Para hallar el minuendo, suma.

▬		50
− 50	▶	+ 20
20		70 ▸ ▬ = 70

- Para hallar el sustraendo, resta.

80		80
− ▬	▶	− 30
30		50 ▸ ▬ = 50

▬	▬	▬	93	542	607
− 47	− 258	− 96	− ▬	− ▬	− ▬
26	391	745	58	326	542

Problemas

6 **Lee y resuelve.**

- En un depósito había 3.528 ℓ de agua. Se han utilizado 2.045 ℓ. ¿Cuántos litros de agua quedan en el depósito?
- Una furgoneta puede llevar hasta 1.300 kg de carga. Ana ha cargado 452 kg de fruta. ¿Cuántos kilos más puede cargar?

EMOCIONES

Imagina y completa en tu cuaderno. Después, contesta.

Tienes 126 cromos de una colección.

- Si te regalan algunos cromos, tendrás … que antes.
- Si se te pierden algunos cromos, tendrás … que antes.

¿Cómo te sientes cuando te regalan algo?
¿Y si se te pierde algo?

Estimación de sumas

Sonia compra un chándal por 42 €
y una sudadera por 27 €.
¿Cuánto se gasta aproximadamente?

Estima la suma 42 + 27

1.º Aproxima cada sumando a la decena más cercana.

2.º Suma las decenas obtenidas.

$$\begin{array}{r} 42 \\ +\,27 \\ \hline \end{array} \begin{array}{c} \rightarrow \\ \rightarrow \\ \end{array} \begin{array}{r} 40 \\ +\,30 \\ \hline 70 \end{array}$$

Aproximadamente, Sonia se gasta 70 €.

Para estimar sumas, primero aproxima los sumandos y, después, suma las aproximaciones.

1 **Observa y calcula cuánto cuestan aproximadamente.**

- Una linterna y una brújula.
- Una gorra y unos prismáticos.
- Una mochila y una cantimplora.

2 **Estima estas sumas. Aproxima primero al orden adecuado.**

HAZLO ASÍ

- **Estima la suma 432 + 481**
  Aproxima cada sumando a las centenas y suma.

$$\begin{array}{r} 432 \\ +\,481 \\ \hline \end{array} \begin{array}{c} \rightarrow \\ \rightarrow \\ \end{array} \begin{array}{r} 400 \\ +\,500 \\ \hline 900 \end{array}$$

- **Estima la suma 2.617 + 1.249**
  Aproxima cada sumando a los millares y suma.

$$\begin{array}{r} 2617 \\ +\,1249 \\ \hline \end{array} \begin{array}{c} \rightarrow \\ \rightarrow \\ \end{array} \begin{array}{r} 3000 \\ +\,1000 \\ \hline 4000 \end{array}$$

- 273 + 567
- 435 + 618
- 394 + 126
- 715 + 879
- 2.459 + 3.840
- 8.136 + 5.724
- 6.083 + 4.291
- 9.365 + 7.650

Estimación de restas

En una obra de teatro actúan 61 personas.
De ellas, 39 son niños y el resto adultos.
¿Cuántos adultos actúan aproximadamente en la obra?

Estima la resta 61 − 39

1.º Aproxima cada término a la decena más cercana.

2.º Resta las decenas obtenidas.

$$\begin{array}{r} 61 \\ -\ 39 \\ \hline \end{array} \rightarrow \begin{array}{r} 60 \\ -\ 40 \\ \hline 20 \end{array}$$

Aproximadamente, actúan en la obra 20 adultos.

Para estimar restas, primero aproxima el minuendo y el sustraendo y, después, resta las aproximaciones.

1 **Observa el dibujo y calcula cuánto pesan aproximadamente.**

- La maleta roja más que la azul.
- La maleta verde menos que la amarilla.
- La maleta azul más que la verde.

2 **Estima estas restas. Aproxima primero al orden adecuado.**

HAZLO ASÍ

- **Estima la resta 583 − 426**
  Aproxima a las centenas y resta.

$$\begin{array}{r} 583 \\ -\ 426 \\ \hline \end{array} \rightarrow \begin{array}{r} 600 \\ -\ 400 \\ \hline 200 \end{array}$$

- **Estima la resta 7.390 − 3.154**
  Aproxima a los millares y resta.

$$\begin{array}{r} 7390 \\ -\ 3154 \\ \hline \end{array} \rightarrow \begin{array}{r} 7000 \\ -\ 3000 \\ \hline 4000 \end{array}$$

- 316 − 175
- 469 − 287
- 4.850 − 2.261
- 9.302 − 8.461

3 **Resuelve.**

Sara compra un equipo de música por 289 € y un ordenador por 528 €.
¿Cuánto cuesta, aproximadamente, el ordenador más que el equipo de música?

Problemas de dos operaciones

En la panadería han hecho hoy 268 barras de pan chapata y 306 barras de pan candeal. Han vendido 482 barras. ¿Cuántas barras han quedado sin vender?

1.º Calcula cuántas barras han hecho en total.

$$\begin{array}{r} 268 \\ +\,306 \\ \hline 574 \end{array}$$

2.º Calcula cuántas barras han quedado sin vender.

$$\begin{array}{r} 574 \\ -\,482 \\ \hline 092 \end{array}$$

Han quedado sin vender 92 barras.

1 **Lee y resuelve.**

- En un colegio hay 382 estudiantes de Primaria y 128 de Infantil. Se quedan a comer en el colegio 394 de ellos. ¿Cuántos estudiantes no se quedan a comer en el colegio?
- Diana tenía 1.432 fotos en el ordenador. Hoy ha borrado 67 que no le gustaban y ha guardado 298 fotos nuevas. ¿Cuántas fotos tiene ahora Diana en el ordenador?
- Tomás ha cargado en un camión un sofá que pesa 120 kg, un armario de 186 kg y una mesa de 95 kg. El camión puede llevar como máximo 1.400 kg de carga. ¿Cuántos kilos más puede cargar Tomás en el camión?

2 **Observa las imágenes y resuelve.**

- Isabel quiere comprar una bicicleta y unos patines. Tiene 200 €. ¿Cuánto dinero le falta?
- Luis tiene 150 €. Compra una raqueta, un bote de pelotas de tenis y un balón. ¿Cuánto dinero le sobra?
- Ana compra unos patines y una raqueta. Entrega para pagar un billete de 100 € y otro de 20 €. ¿Cuánto dinero le devuelven?

3 Busca los datos en la nota y resuelve.

Las dos clases de 3.º de Primaria se van de excursión. Santi les prepara la comida.

- Santi ha preparado ya 48 bocadillos de jamón y 27 de queso. ¿Cuántos bocadillos más tiene que preparar?
- Ya ha preparado la fruta: 26 mandarinas, 17 peras y plátanos. ¿Cuántos plátanos ha preparado?
- Irán 23 estudiantes de 3.º A, 19 de 3.º B y 21 de 3.º C. Cada uno llevará una botella de agua y el resto las llevan los profesores. ¿Cuántas botellas llevarán los profesores?

4 Observa el esquema y calcula.

Álvaro ha hecho un esquema con las personas que viajaron en un trayecto de tren.

- Al salir de la parada 1, ¿el tren iba más lleno o más vacío que al llegar a esa parada?
- ¿Cuántas personas viajaban en el tren entre las paradas 1 y 2?
- ¿Cuántas personas bajaron al final del trayecto?

Inventad y representad un problema que se resuelva calculando estas dos operaciones.

$37 + 5 = 42$

$42 - 8 = 34$

CREATIVIDAD

COMPRUEBO MI PROGRESO

1 **Coloca los números y calcula.**

- 1.508 + 4.632
- 32.791 + 9.256
- 5.815 + 2.749 + 564
- 6.439 + 876 + 15.728
- 23.496 − 18.751
- 14.316 − 3.749

2 **Ordena los sumandos para que la suma sea más fácil y calcula.**

EJEMPLO

7 + 52 + 3 = 7 + 3 + 52 = 10 + 52 = 62

- 40 + 9 + 20
- 7 + 300 + 500
- 600 + 812 + 400
- 35 + 6 + 4
- 95 + 17 + 5
- 46 + 28 + 2

3 **Escribe una resta e indica cómo se llama cada término. Después, piensa y escribe si cada oración es verdadera o falsa.**

- Minuendo = sustraendo + diferencia
- Sustraendo = minuendo + diferencia
- El minuendo es siempre mayor que el sustraendo.
- El sustraendo es siempre mayor que la diferencia.

4 **Halla las cifras o los términos que faltan.**

```
  8 ■ 3        ■ 7 2 ■
+ 6 5 ■      − 3 8 ■ 4
-------      ---------
1 ■ 7 2        5 ■ 3 2
```

- 57 + 20 = ■
- ■ + 38 = 78
- 70 + ■ = 105
- 94 − 60 = ■
- ■ − 40 = 52
- 126 − ■ = 76

5 TIEMPO PARA HABLAR. **Explica qué es estimar una suma y una resta. Después, pon un ejemplo de cada operación e indica cómo se calcula.**

6 **Estima estas sumas y restas.**

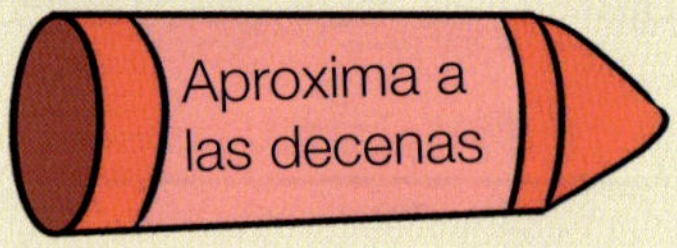

- 57 + 28
- 62 − 24
- 63 + 41
- 71 − 19
- 72 + 39
- 86 − 53

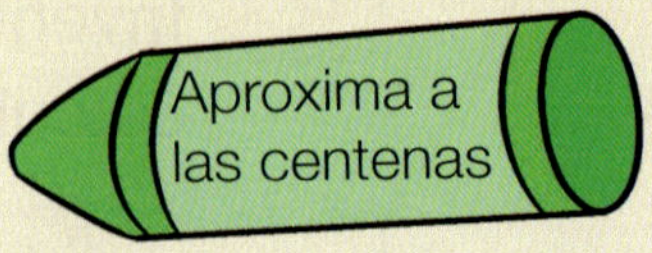

- 327 + 284
- 471 − 214
- 593 + 162
- 749 − 425
- 845 + 607
- 932 − 680

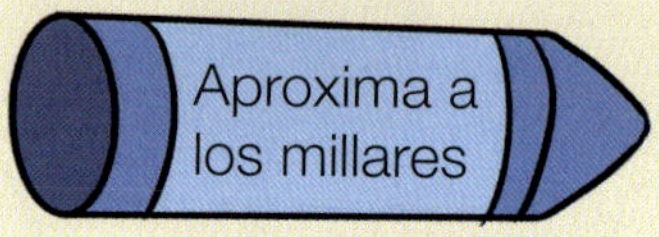

- 4.817 + 3.268
- 6.305 − 1.097
- 8.743 + 5.988
- 9.164 − 5.732

Problemas

7 **Observa el peso en kilos de los contenedores y resuelve.**

- ¿Cuántos kilos pesan en total los contenedores rojo y azul? ¿Y el verde más que el naranja?
- ¿Qué pesa menos: los contenedores azul y naranja juntos o el rojo? ¿Cuántos kilos menos?

8 **Observa el dibujo y resuelve.**

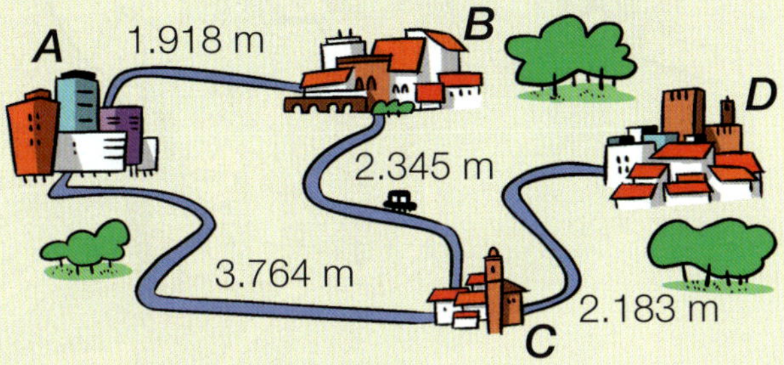

- Pedro va de *A* a *D* pasando por *B* y *C*. ¿Cuántos metros recorre?
- Julia va de *A* a *C* por el camino más largo y vuelve por el más corto. ¿Qué trayecto seguirá? ¿Cuántos metros recorrerá a la ida más que a la vuelta?

9 **Observa la tabla y calcula.**

	Sara	Juan	Pilar
1.ª partida	1.350	968	1.076
2.ª partida	874	1.239	1.415

- ¿Cuántos puntos consiguió Juan en la primera partida menos que en la segunda?
- ¿Quién consiguió más puntos en total: Sara o Pilar? ¿Cuántos más?
- ¿Cuántos puntos consiguieron en total los tres en la segunda partida más que en la primera?

¿CÓMO LO HE HECHO? **Responde en tu cuaderno.**

- ¿Calculo correctamente sumas y restas?
- ¿Sé estimar sumas y restas?
- ¿Resuelvo problemas de sumas y restas?

Pon nota a tu trabajo en esta unidad.

Analizar datos hoteleros

En la zona de montaña a la que han ido de acampada Silvia, Jorge, Maite y Nacho hay un albergue rural. En la tabla aparecen los visitantes que ha tenido el albergue en los tres últimos años.

	Número de visitantes	
	Niños y niñas	Personas adultas
2015	4.462	6.139
2016	5.083	4.917
2017	2.275	7.894

1 **Observa la tabla y contesta.**

- ¿En qué año hubo más niños y niñas? ¿Y más personas adultas?
- ¿Cuántos visitantes tuvieron cada año?
- ¿Cuántos niños y niñas se alojaron en el albergue en total? ¿Y personas adultas?
- ¿Cuántas personas adultas lo visitaron en 2015 menos que en 2017?
- ¿Cuántas personas lo visitaron en 2015 más que en 2016?

2 **Observad el gráfico y contestad.**

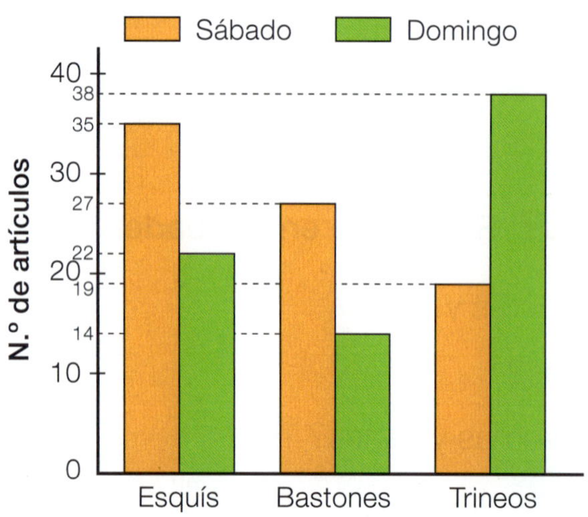

En el albergue alquilan material de montaña. El gráfico muestra el número de artículos que han alquilado el fin de semana.

- ¿Qué tipo de material alquilaron más el sábado? ¿Y menos?
- ¿Cuántos trineos más que bastones alquilaron el domingo?
  ¿Y cuántos bastones menos que esquís alquilaron el sábado?
- ¿Cuántos artículos alquilaron el sábado más que el domingo?

Juega con sumas y restas

Material: Tarjetas numéricas del 0 al 9.
Lápiz y papel.

Número de participantes: 5

Reglas del juego:

Por turnos, uno de los participantes elige, sin mirar, y sin que los demás le vean, dos tarjetas. Con esas tarjetas forma un número de dos cifras que escribe en un papel oculto a los demás.

El resto de participantes, por orden, harán una pregunta en la que aparezca la palabra *suma* o *resta* y, tras escuchar la respuesta, dirán cuál creen que es el número secreto. El primero que acierte obtiene 1 punto.

Gana el jugador o jugadora que consiga primero 6 puntos.

1 Observad las respuestas a las preguntas y adivinad qué número ha formado María.

- ¿La *suma* de sus cifras es mayor que 10? No.
- ¿La *suma* es igual a 9? Sí.
- ¿La *resta* de sus cifras es menor que 5? Sí.
- ¿La *resta* es igual a 4? No.
- ¿La *resta* es igual a 3? Sí.
- Si al número le *sumas* 50, ¿es la suma mayor que 100? Sí.

Retos matemáticos

Los números de las casas

En una calle hay 100 casas. Para poner el número a cada casa se ha decidido comprar placas con los números de una cifra, del 0 al 9, y componer cada número con estas cifras. ¿Cuántos nueves se necesitan? ¿Y unos?

Solución de problemas

Reconstruir el enunciado

Vamos a leer las oraciones y ordenarlas para reconstruir el enunciado del problema. Después, lo resolveremos.

Oraciones

- Laura ha hecho 75 fotos.
- ¿Cuántas fotos han hecho entre las dos?
- Sol y Laura han salido a hacer fotos. Sol ha hecho 37 fotos.

▶ El enunciado ordenado del problema es:

Sol y Laura han salido a hacer fotos. Sol ha hecho 37 fotos. Laura ha hecho 75 fotos. ¿Cuántas fotos han hecho entre las dos?

1.º Comprende.

Datos ▶ Sol ha hecho 37 fotos.
Laura ha hecho 75 fotos.

Pregunta ▶ ¿Cuántas fotos han hecho entre las dos?

2.º Piensa en qué hay que hacer.

Hay que sumar las fotos que han hecho Sol y Laura.

3.º Calcula.

$37 + 75 = 112$

Solución: Entre las dos han hecho 112 fotos.

4.º Comprueba.

Revisa si lo que has hecho está bien.

Lee las oraciones y construye el enunciado del problema. Después, resuélvelo.

1 **Oraciones**

- Cada bolsa tiene 4 peras.
- María está preparando bolsas de fruta.
- ¿Cuántas peras ha metido en bolsas?
- Ha preparado 5 bolsas.

2 **Oraciones**

- Ha gastado 15 € en un libro.
- Ha comprado un jersey por 39 €.
- Juan ha salido de compras.
- ¿Cuánto dinero ha gastado Juan?

1. **Descompón cada número y escribe cómo se lee.**
   - 3.248
   - 7.036
   - 9.508
   - 15.372
   - 40.961
   - 83.070

2. **Escribe el número y cómo se lee.**

   Número posterior
   - 2.999
   - 49.999
   - 9.999
   - 73.999

   Número anterior
   - 5.000
   - 10.000
   - 8.600
   - 91.000

3. **Compara y escribe el signo > o <.**
   - 2.587 y 2.591
   - 51.864 y 5.739
   - 37.405 y 36.916
   - 8.320 y 60.150

4. **Coloca los números y calcula.**
   - 6.784 + 5.263
   - 851 + 495 + 86
   - 7.513 − 3.279
   - 8.207 − 684

5. **Repasa las tablas y completa en tu cuaderno.**

$5 \times 2 = \ldots$
$5 \times 8 = \ldots$
$5 \times 4 = \ldots$
$5 \times 7 = \ldots$
$5 \times 9 = \ldots$

$6 \times 3 = \ldots$
$6 \times 0 = \ldots$
$6 \times 6 = \ldots$
$6 \times 5 = \ldots$
$6 \times 8 = \ldots$

$7 \times 1 = \ldots$
$7 \times 4 = \ldots$
$7 \times 5 = \ldots$
$7 \times 9 = \ldots$
$7 \times 7 = \ldots$

Problemas

6. Raquel ha comprado para una fiesta 136 refrescos de naranja y 168 de cola. ¿Cuántos refrescos ha comprado?

7. En un museo hay 260 cuadros. Son retratos 184. ¿Cuántos cuadros no son retratos?

8. Loli tiene en el bolsillo estas monedas. ¿Cuántos céntimos tiene?

9. Un tren tiene tres vagones. En el primer vagón viajan 48 personas, en el segundo 107 y en el tercero 69. ¿Cuántas personas viajan en el tren?

10. En el gimnasio hay 42 balones de fútbol y 28 de baloncesto. ¿Cuántos balones hay de fútbol más que de baloncesto?

Coordenadas de casillas

Laura y Javier son arqueólogos. Han dividido un terreno formando una cuadrícula, y han descubierto algunas vasijas. Observa cómo se nombra la casilla donde está cada vasija.

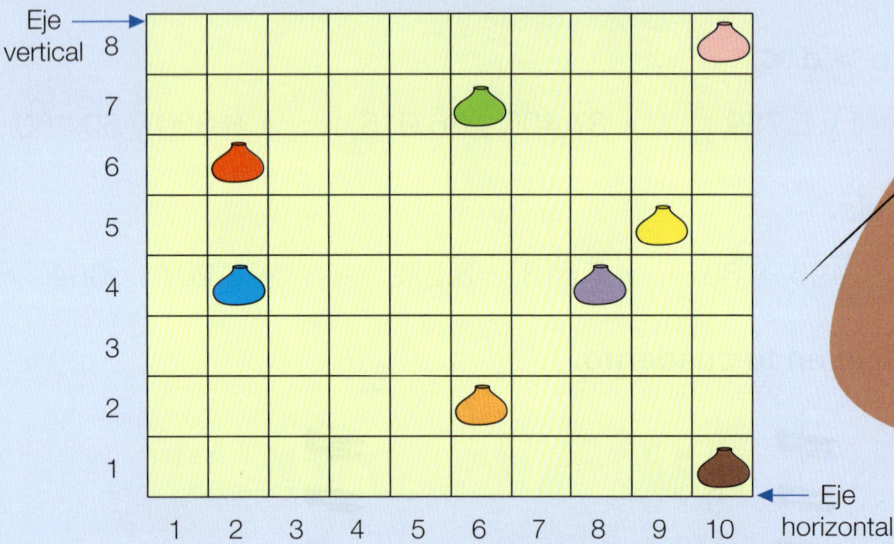

Para expresar las coordenadas de una casilla, escribe dentro de un paréntesis primero el número del eje horizontal y, después, una coma y el número del eje vertical.

Fíjate en estos ejemplos: ▸ (2, 6) ▸ (9, 5)

1 **Observa la cuadrícula anterior y escribe en tu cuaderno las coordenadas de la casilla donde se encuentra cada vasija.**

▸ (…, …) ▸ (…, …) ▸ (…, …) ▸ (…, …) ▸ (…, …) ▸ (…, …)

2 **Observa la cuadrícula y contesta.**

- ¿Qué coordenadas tiene la casilla que está a la derecha de la vasija verde? ¿Y la casilla que está a su izquierda? ¿Y las que están por encima y por debajo?
- ¿Qué coordenada tienen en común la vasija naranja y la vasija verde? ¿Y la vasija azul y la vasija morada?
- ¿Qué vasija tiene en común alguna coordenada con la vasija rosa? ¿Cuál es?

3 **Copia en tu cuaderno la cuadrícula y dibuja en cada casilla la moneda indicada.**

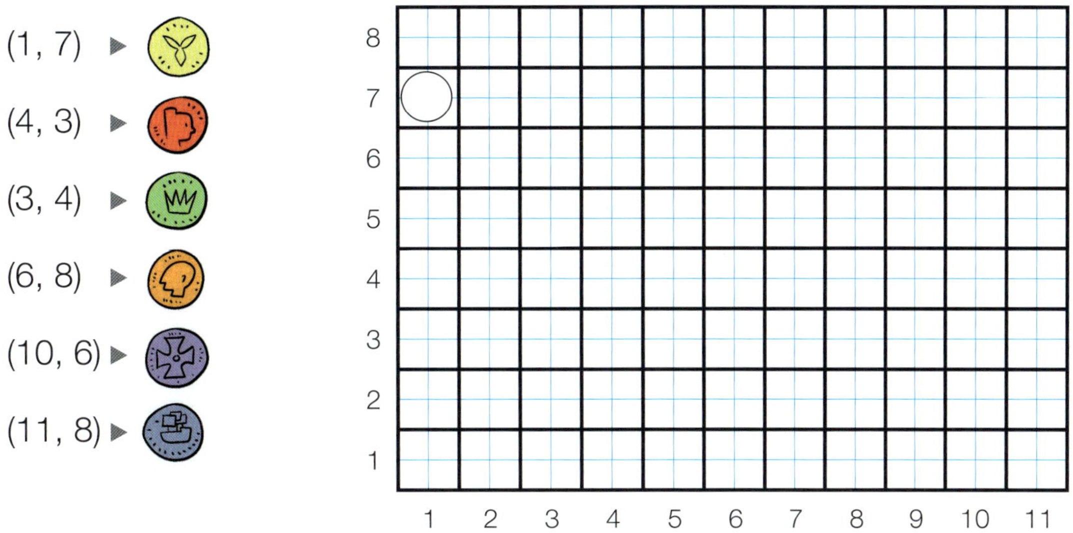

4 **Observa el plano de la excavación y escribe en tu cuaderno las coordenadas de todas las casillas que ocupa cada una de las instalaciones.**

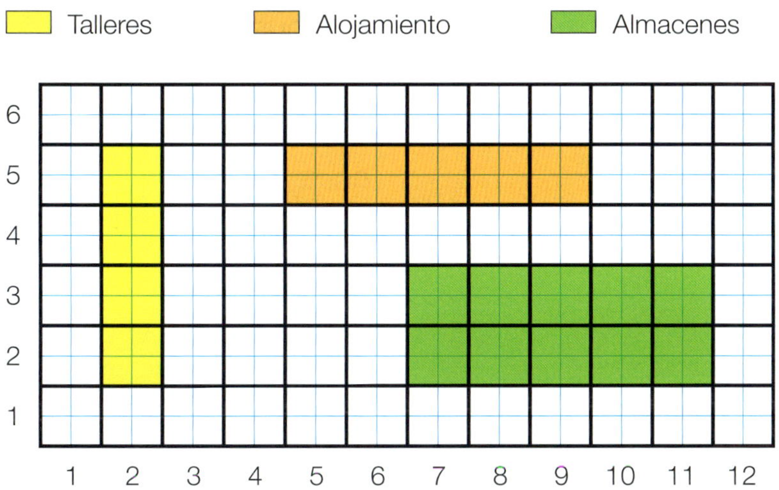

▶ … ▶ … ▶ …

- ¿Qué coordenada tienen en común las casillas de los talleres?
- ¿Y las casillas del alojamiento?

5 **Imagina que tienes que construir en la excavación anterior una zona dedicada a garaje que ocupe 4 casillas, tenga forma cuadrada y no esté situada junto a ninguna instalación.**

- ¿Dónde la construirías? Escribe las coordenadas de todas sus casillas.
- ¿Hay más de una solución? ¿Cuántas?

Antes de empezar

Cálculo mental

Suma 11 a números de dos cifras: primero suma 10 y luego suma 1

+ 11

36 → (+ 10) 46 → (+ 1) 47

15 + 11   68 + 11

27 + 11   69 + 11

Resta 11 a números de dos cifras: primero resta 10 y luego resta 1

− 11

73 → (− 10) 63 → (− 1) 62

34 − 11   71 − 11

59 − 11   90 − 11

Un número, una suma y una resta

Escribe 87 como resultado de una suma en la que uno de los sumandos sea 11, y como resultado de una resta en la que el sustraendo sea 11.

Pequeños problemas

Calcula mentalmente

1. Jesús va a un pueblo que está a 57 km. Ya ha recorrido 11 km. ¿Cuántos kilómetros le faltan para llegar?

2. Fabián tenía en su hucha 33 €. Hoy mete 11 € que le ha dado su abuela. ¿Cuánto dinero tiene ahora en la hucha?

¿Qué sabes ya?

Tipos de líneas

Línea recta | Línea curva abierta | Línea curva cerrada | Línea poligonal abierta | Línea poligonal cerrada

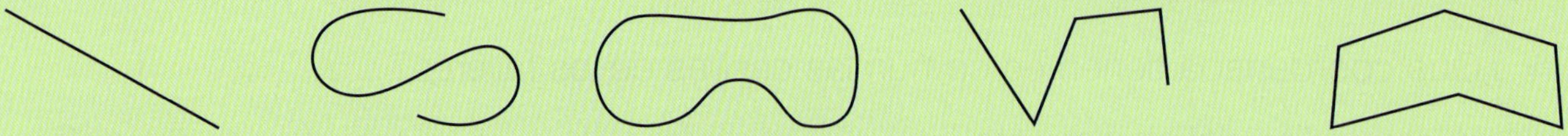

1. **Escribe en tu cuaderno cómo es cada línea.**

2. **Dibuja en tu cuaderno un ejemplo de cada tipo de línea.**

3 Rectas y ángulos

Tiempo para hablar

- ¿Cuántas pistas hay abiertas? ¿Cuál crees que es la más corta? ¿Por qué?
- ¿Se podría trazar un camino que uniera el origen y el final de la pista roja y que fuera más corto que ella? ¿Cómo?
- Explica en qué se parecen y en qué se diferencian las tres pistas.

SABER HACER

Describir caminos en un plano.

Segmento. Tipos de rectas

Una recta no tiene principio ni fin.

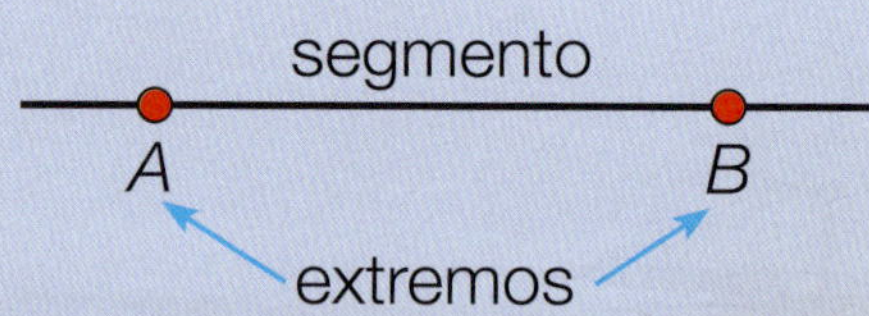

- La parte de recta comprendida entre los puntos *A* y *B* es un **segmento**.

  Los puntos *A* y *B* son los **extremos** del segmento.

- Observa cómo pueden ser dos rectas.

Estas rectas no se cortan.
No tienen puntos en común.

Son **rectas paralelas**.

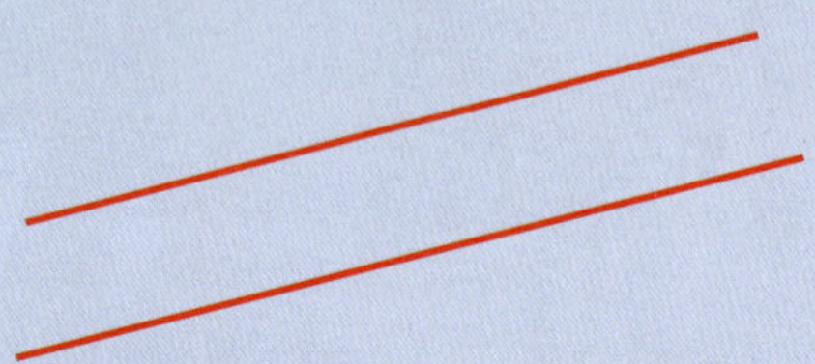

Estas rectas se cortan en un punto.

Son **rectas secantes**.

- **Un segmento es la parte de recta comprendida entre dos puntos.**
- **Las rectas paralelas no se cortan y las secantes se cortan en un punto.**

1 **¿Cuántos segmentos forman cada figura? Cuenta y escribe en tu cuaderno.**

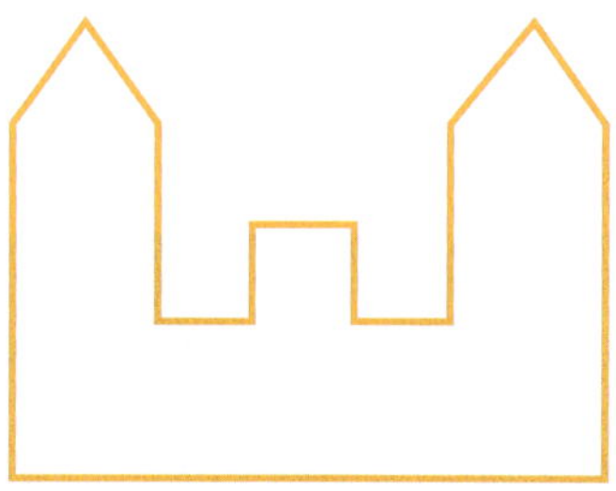

2 **Observa las rectas y escribe si son paralelas o secantes.**

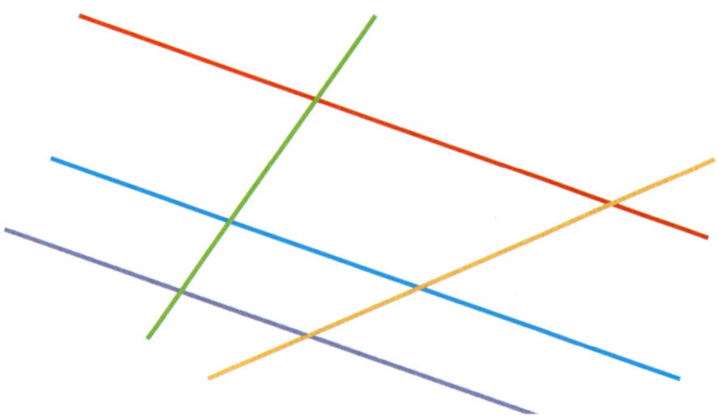

- La recta roja y la verde.
- La recta naranja y la azul.
- La recta roja y la azul.
- La recta morada y la naranja.
- La recta azul y la morada.
- La recta morada y la roja.

3 **Lee y traza en tu cuaderno.**

HAZLO ASÍ

Cómo trazar rectas paralelas

Repasa los dos bordes largos de tu regla sin que se mueva.

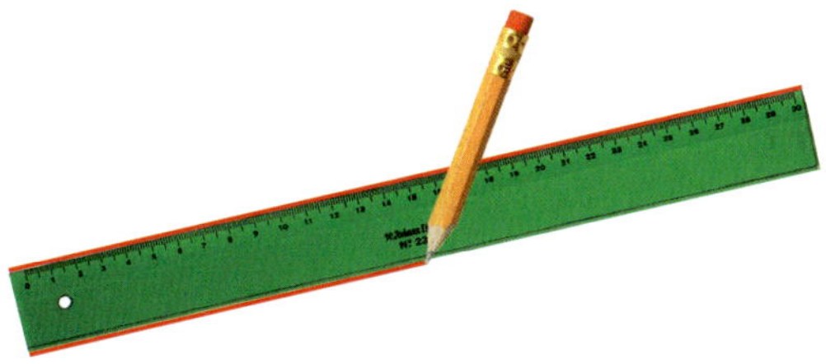

Cómo trazar rectas secantes

Traza una recta, gira un poco la regla y dibuja otra recta que corte a la primera.

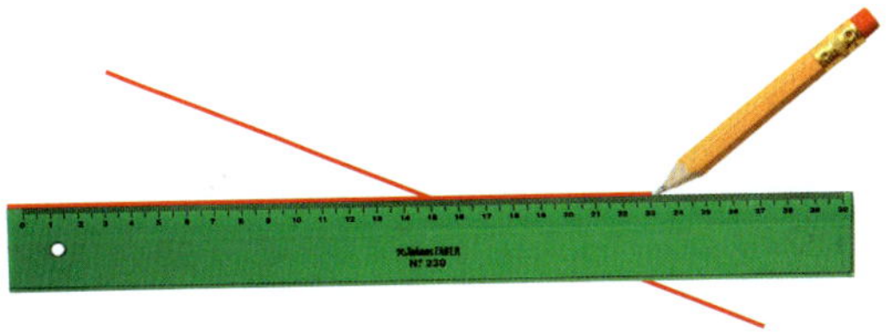

- Dos rectas paralelas.
- Tres rectas paralelas.
- Dos rectas secantes.
- Tres rectas secantes que se corten en un punto.

4 **Calca las rectas, prolóngalas y escribe si son paralelas o secantes.**

- La recta roja y la naranja.
- La recta verde y la roja.
- La recta naranja y la verde.
- La recta verde y la azul.

Problemas

5 **Observa el plano y escribe en tu cuaderno.**

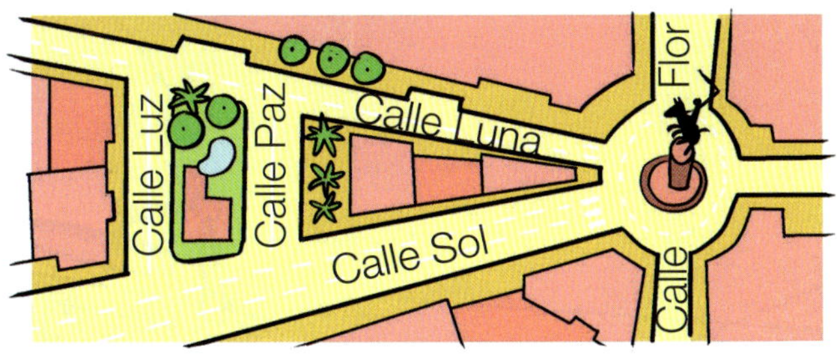

- Las calles paralelas a la calle Paz.
- Una calle secante a la calle Luz.
- Las calles secantes a la calle Flor.
- Las calles secantes a la calle Luna.

PENSAMIENTO

Dibuja un plano en tu cuaderno que corresponda a la descripción.

- La calle Cristal es paralela a la calle Espejo.
- La calle Rosal es paralela a la calle Jazmín.
- La calle Cristal no es paralela a la calle Rosal.

Ángulos

- Dos rectas secantes al cortarse forman cuatro ángulos.
  Un **ángulo** tiene dos **lados** y un **vértice**.

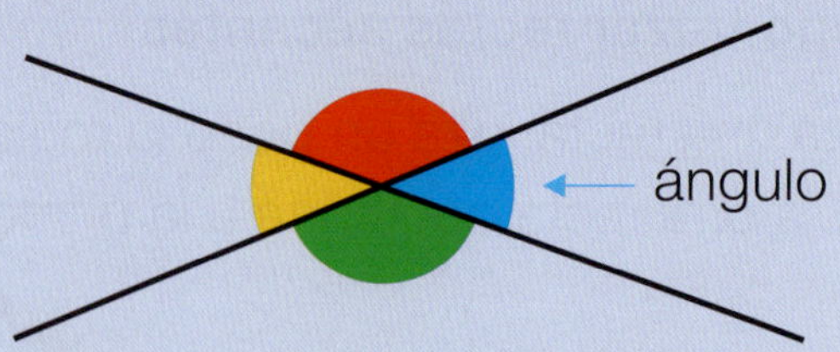

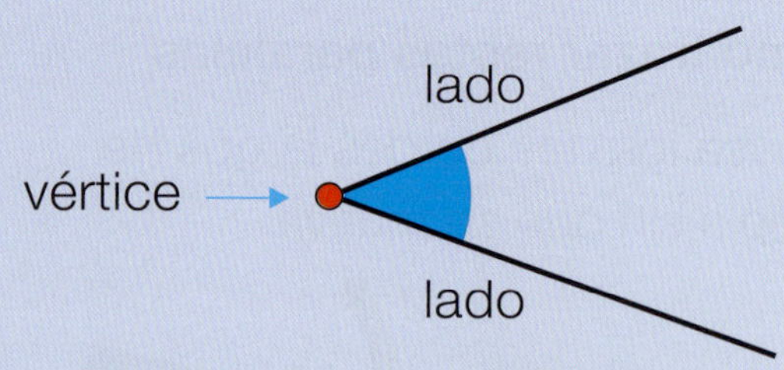

- Estas rectas al cortarse forman cuatro ángulos iguales.
  Cada ángulo es un ángulo recto y las rectas son **rectas perpendiculares**.

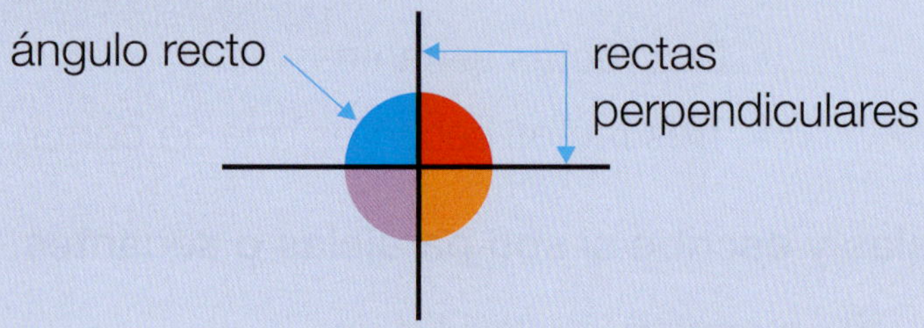

1 **Calca los ángulos en tu cuaderno y escribe *lado* y *vértice* donde corresponda.**

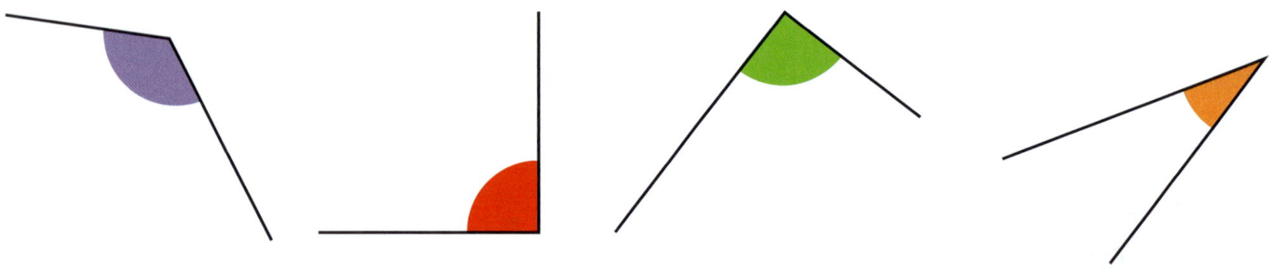

2 **Observa las rectas y contesta.**

- ¿Cuántos ángulos se forman al cortarse las rectas rojas?
  ¿Y las rectas verdes?
- ¿En qué rectas se forman cuatro ángulos iguales?
  ¿Cómo se llama cada ángulo? ¿Y las rectas?

3 ¿Qué tipo de ángulo es? Comprueba con la escuadra y escribe en tu cuaderno.

HAZLO ASÍ

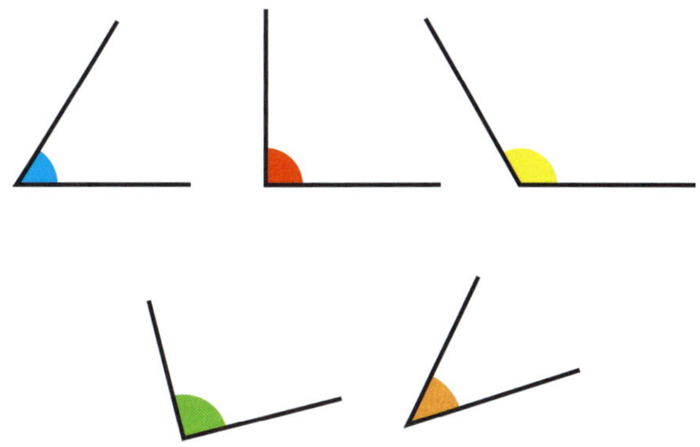

4 ¿Qué rectas son perpendiculares? Utiliza la escuadra y escribe en tu cuaderno.

PRESTA ATENCIÓN

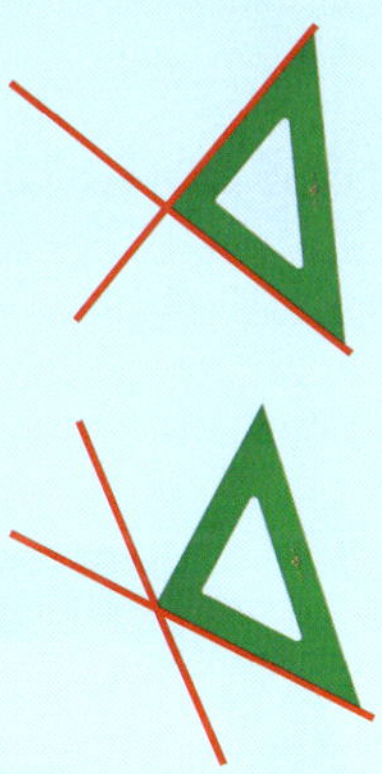

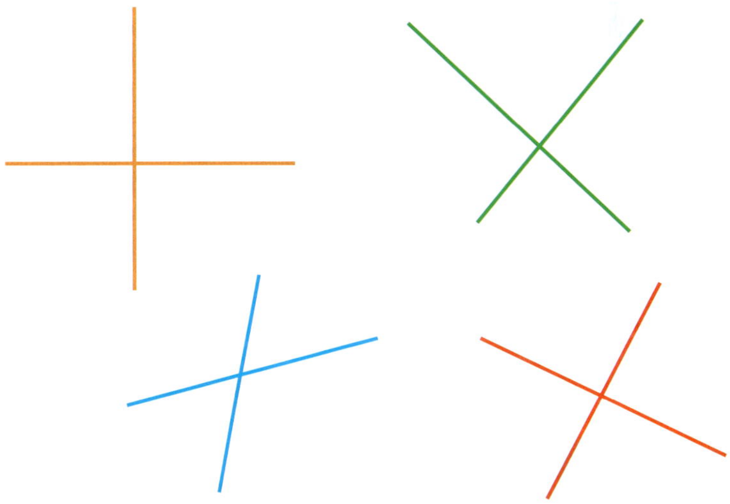

Problemas

5 **Observa el dibujo y contesta.**

¿Qué tipo de ángulo forma cada bola de billar al rebotar en los lados de la mesa?

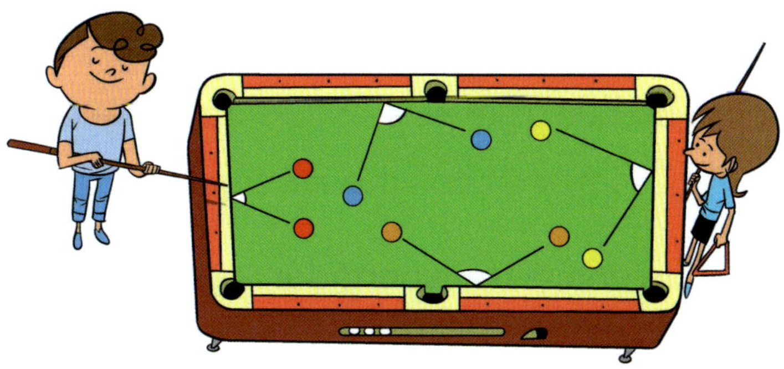

CREATIVIDAD

Utiliza la regla para dibujar una casa en la que aparezcan al menos dos ángulos obtusos.

Medida de ángulos con el transportador

Para medir los ángulos utilizamos el transportador.
La medida de un ángulo se expresa en **grados**.

1 grado ▸ 1°

Observa cómo se mide un ángulo con el transportador.

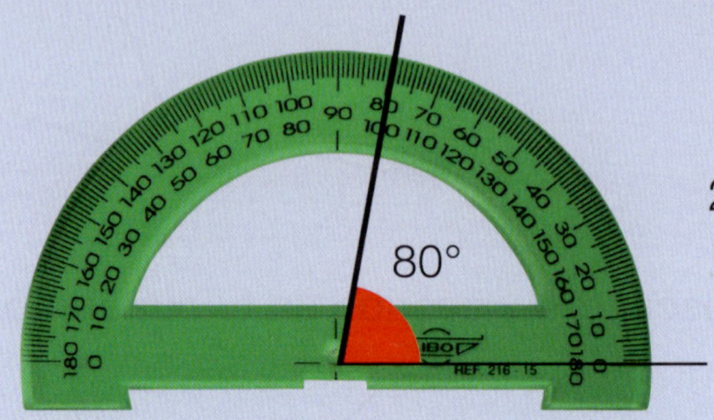

1.° Coloca el transportador de manera que su centro coincida con el vértice del ángulo y uno de los lados del ángulo pase por 0°.

2.° Mira en el transportador el número por el que pasa el otro lado del ángulo. Ese número es la medida del ángulo en grados.

El ángulo rojo mide 80 grados ▸ Mide 80°.

La medida de un ángulo se expresa en grados y se mide con el transportador.

1 **Observa y contesta.**

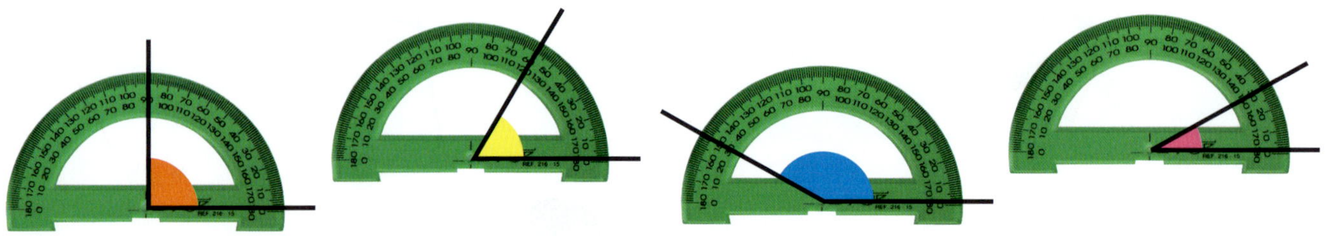

- ¿De qué color es el ángulo que mide 60°? ¿Y el ángulo que mide 150°?
- ¿Cuántos grados mide el ángulo naranja? ¿Y el ángulo rosa?

2 **Mide con el transportador y escribe la medida en grados de cada ángulo.**

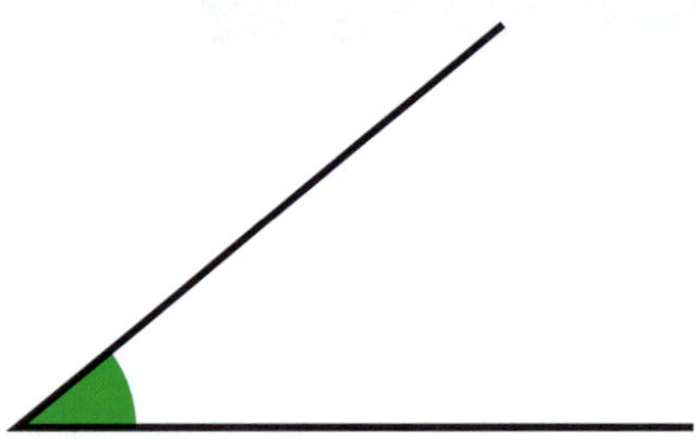

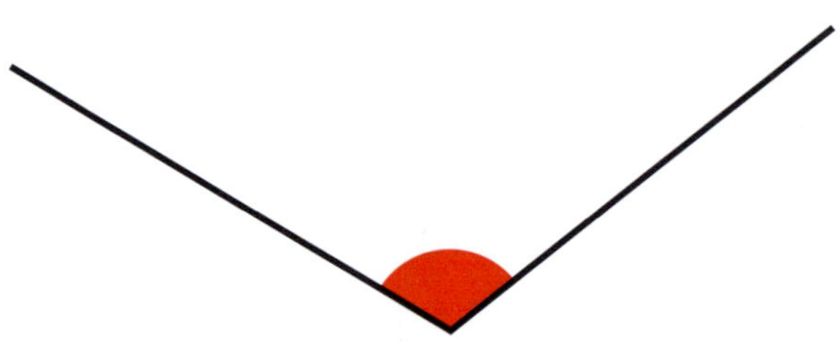

EJEMPLO
El ángulo verde mide … grados ▸ …°

Simetría y traslación 3

David dibuja figuras sobre cuadrícula.

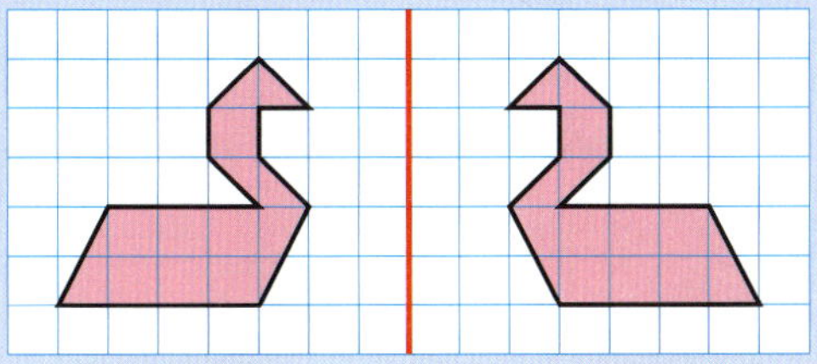

David comprueba que, al doblar por la recta roja, las dos figuras coinciden. La recta roja es el **eje de simetría** y las figuras son **simétricas** respecto a la recta roja.

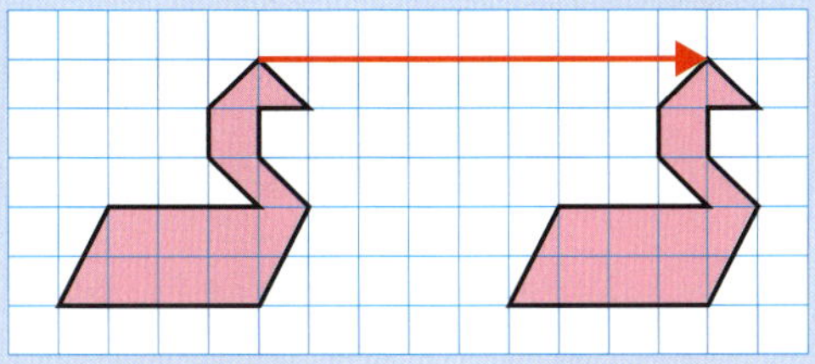

David comprueba que, si mueve la figura de la izquierda 9 cuadrados a la derecha, las dos figuras coinciden. Es una **traslación**.

1 **Escribe en tu cuaderno si las figuras son simétricas respecto a la recta roja.**

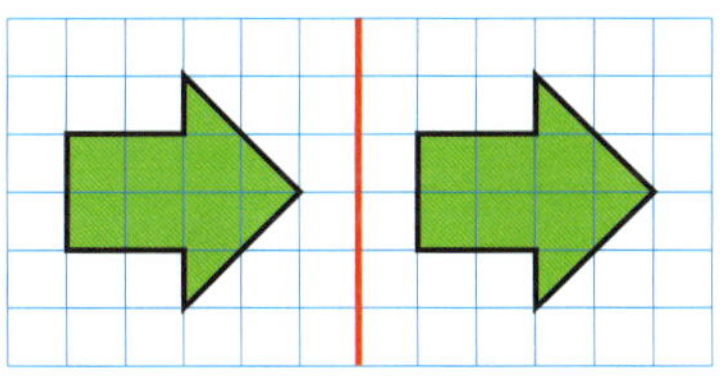

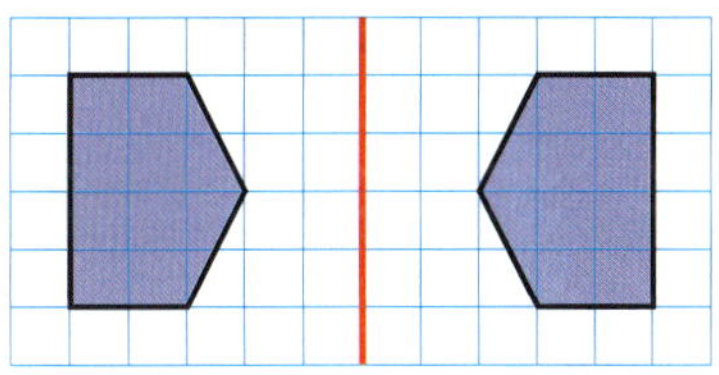

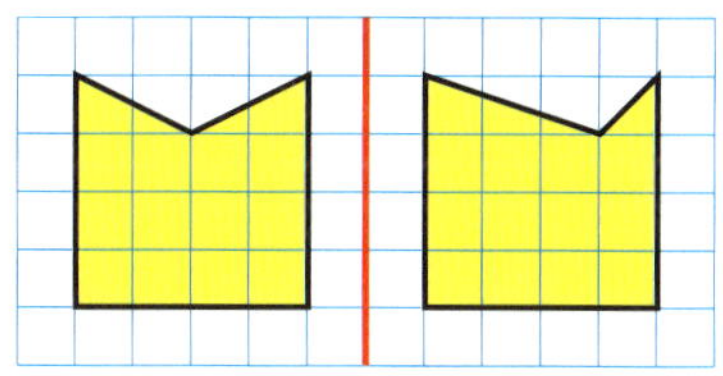

2 **Copia la figura y dibuja.**

La figura simétrica respecto a la recta roja.

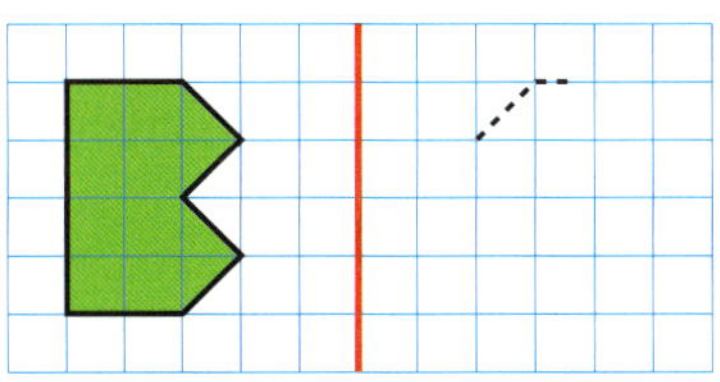

La figura trasladada 8 cuadrados a la derecha.

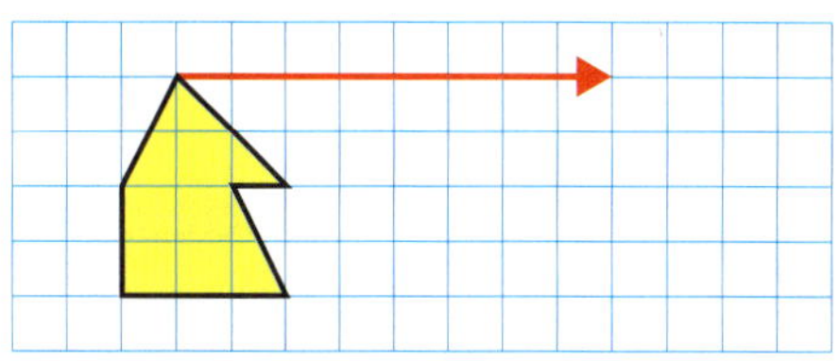

3 **Calca cada figura y traza en tu cuaderno dos ejes de simetría que la dividan en dos partes simétricas.**

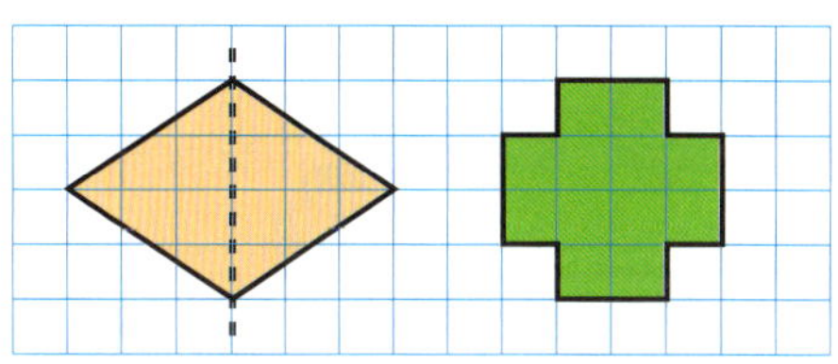

COMPRUEBO MI PROGRESO

1 **Calca los puntos y dibuja.**

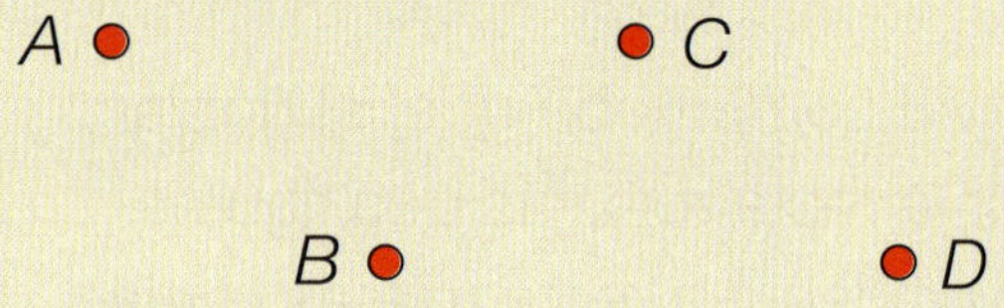

- La recta que pasa por los puntos *A* y *B*.
- La recta que pasa por los puntos *C* y *D*.

¿Cómo son las dos rectas que has dibujado?

2 **Calca las rectas y dibuja.**

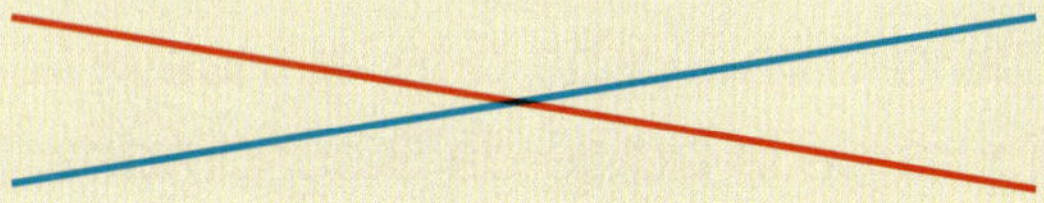

- Una recta paralela a la recta roja.
- Una recta paralela a la recta azul.
- Una recta secante a la recta roja.

3 **Observa el dibujo y contesta.**

- ¿Qué rectas son perpendiculares a la recta roja?
- ¿Cómo son esas rectas entre sí?

4 **Utiliza la escuadra y clasifica estos ángulos.**

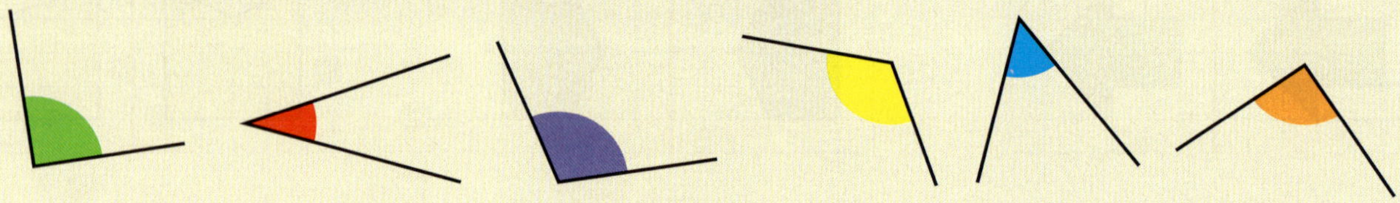

5 TIEMPO PARA HABLAR. **Dibuja los ángulos y explica a un compañero o compañera las semejanzas y diferencias entre ellos.**

Un ángulo agudo. Un ángulo obtuso.

¿Puedes dibujar otros ángulos agudos que tengan el mismo vértice que el ángulo naranja? Dibuja dos más.

6 **Calca cada ángulo, mídelo con el transportador e indica qué tipo de ángulo es.**

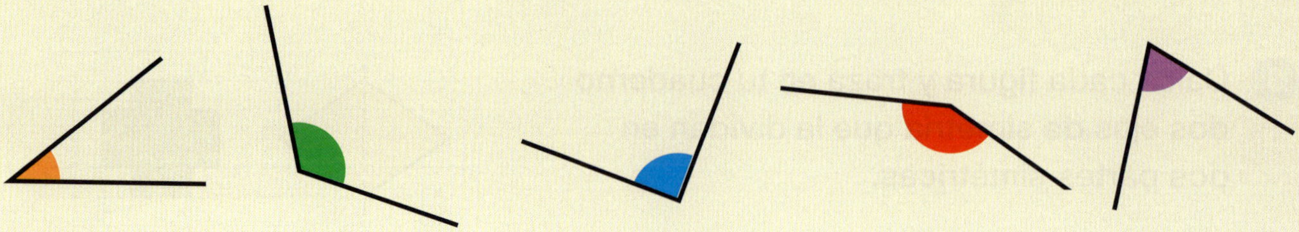

7 **En cada caso, copia en tu cuaderno la pareja correcta.**

La flecha roja y su simétrica respecto al eje verde.

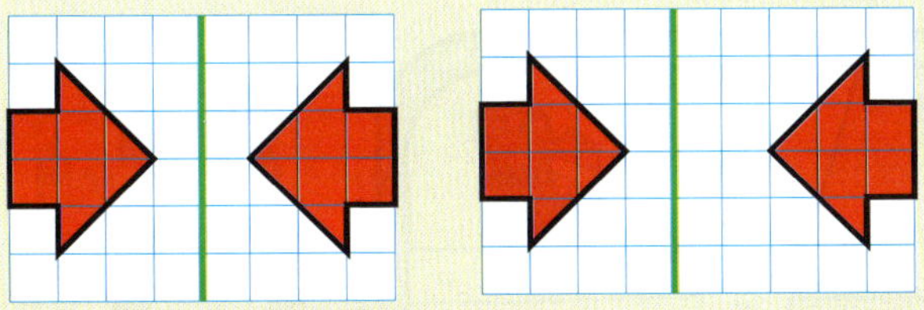

La flecha azul y la trasladada 4 cuadraditos a la derecha.

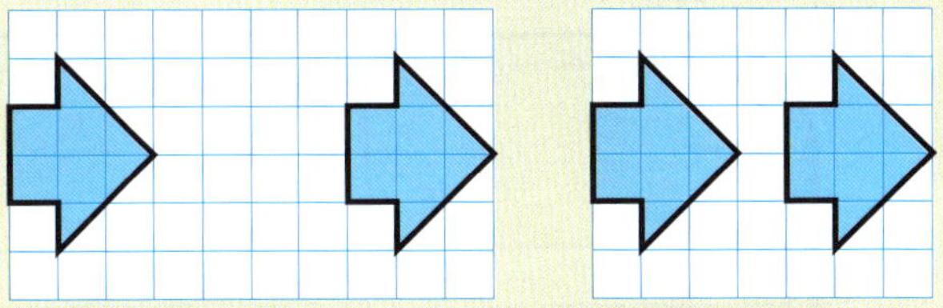

Problemas

8 **Observa las piezas del juego de Sergio y contesta.**

- ¿Cuántos ángulos rectos hay en la pieza azul? Cálcala y marca cada ángulo.
- ¿Cuántos ángulos rectos tiene la pieza amarilla? ¿Y agudos? Cálcala y marca el ángulo recto de un color y los agudos de otro.
- ¿De qué tipo es cada ángulo de la pieza verde? ¿Y de la pieza naranja?
- ¿En qué piezas puedes trazar rectas paralelas? Cálcalas y dibuja un par de rectas paralelas en cada una.
- ¿En qué piezas puedes trazar rectas perpendiculares? Cálcalas y dibuja un par de rectas perpendiculares en cada una.

¿CÓMO LO HE HECHO? **Responde en tu cuaderno.**

- ¿Conozco los tipos de ángulos?
- ¿Sé medir ángulos con el transportador?
- ¿Diferencio entre simetrías y traslaciones?

Pon nota a tu trabajo en esta unidad.

Describir caminos en un plano

Eva y Daniel fueron a la estación de esquí. Ahora están en la plaza de la calle Mayor y eligen en el plano el camino para ir a varios sitios.

1 Observa el plano y contesta.

Para ir al museo
Suben por la calle Mayor.
Cogen la primera calle perpendicular a la calle Mayor.
El museo está en esa calle. ¿Cómo se llama la calle?

Para ir al polideportivo
Suben por la calle Mayor.
Cogen la segunda calle perpendicular a la calle Mayor.
Siguen por esta calle y cogen la primera calle perpendicular.
El polideportivo está en esa calle. ¿Cómo se llama la calle?

2 Leed y describid el camino que debe seguir cada uno.

- Mónica se encuentra en la estatua de la calle de los Músicos y quiere ir al cine.
- Enrique sale del cine y se dirige a la plaza.
- Victoria está en la calle Arboleda, junto al parque, y quiere ir al cine.

Juega con los ángulos

Material: Tarjetas plastificadas para escribir (reverso de las tarjetas de numeración). Rotulador, regla y transportador.

Número de jugadores: 5

Reglas del juego:

Un participante, por turnos y sin que los demás le vean, utiliza el transportador para dibujar en la tarjeta un ángulo con una medida exacta, y se lo enseña a los compañeros.

El resto de participantes escriben en un papel lo que estiman que mide el ángulo. Los jugadores que acierten la medida ganan 1 punto.

Ganador: Gana el jugador o jugadora que consiga primero 3 puntos.

1. Estimad la medida de estos ángulos y anotadla. Después, medidlos con un transportador y calculad el error que habéis cometido en la estimación.

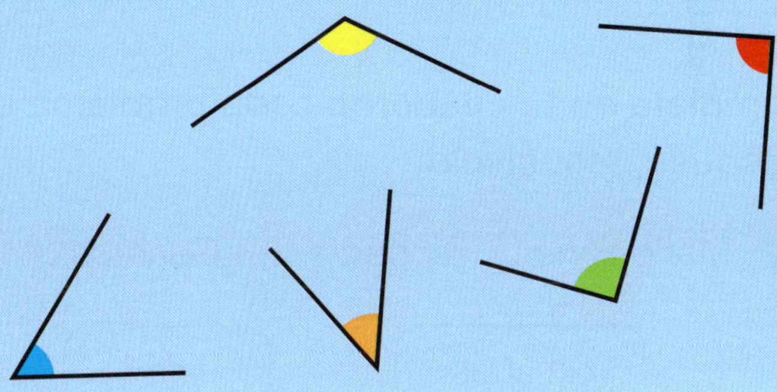

Retos matemáticos

Perros y gatos

Todas las mascotas de mi vecina son perros, menos una, y todas son gatos, menos una. ¿Cuántos perros y gatos tiene mi vecina?

Solución de problemas

Completar enunciados

Vamos a completar el enunciado del problema con las palabras y los datos que nos dan.

Una furgoneta transporta … de … Cada … tiene … ¿Cuántas … lleva la furgoneta?

botellas | 4 cajas | botellas | 8 | botellas | caja

- Para poder completarlo bien es necesario leerlo entero varias veces. Este es el problema:

  Una furgoneta transporta 4 cajas de botellas. Cada caja tiene 8 botellas. ¿Cuántas botellas lleva la furgoneta?

  Resuelve el problema en tu cuaderno.

Completa en tu cuaderno cada problema con las palabras y datos que se dan. Después, resuélvelo.

1. Mario tiene … Su padre … ¿Cuántos …?

   28 años | tiene | años | más que él | años | 7 | tiene su padre

2. Lidia entrena … Esta semana solo entrenó … y cada día corrió … ¿Cuántos …?

   kilómetros | esta semana | kilómetros | 7 días | corrió | 3 | a la semana | 6 días

1 **Escribe cómo se lee cada número.**

- 6.178
- 2.094
- 7.609
- 42.367
- 20.823
- 45.060
- 39.002

2 **Escribe los números.**

- 2 UM + 7 D + 5 U
- 8 UM + 3 C
- 1 DM + 6 UM + 9 C
- 4 DM + 5 U

3 **Escribe.**

- Los números mayores que 6.793 y menores que 6.805.
- El mayor número de cuatro cifras y el menor número de cinco cifras.

4 **Aproxima.**

- A las centenas: 208, 465 y 729.
- A los millares: 3.946, 6.470 y 8.832.

5 **Coloca los números y calcula.**

- 624 + 5.137 + 85
- 95 + 710 + 6.347
- 6.718 − 325
- 1.860 − 74

6 **Completa en tu cuaderno.**

$8 \times 5 = \ldots$ $8 \times 9 = \ldots$
$8 \times 7 = \ldots$ $8 \times 6 = \ldots$
$8 \times 8 = \ldots$ $8 \times 4 = \ldots$

$9 \times 3 = \ldots$ $9 \times 5 = \ldots$
$9 \times 7 = \ldots$ $9 \times 4 = \ldots$
$9 \times 8 = \ldots$ $9 \times 7 = \ldots$

Problemas

7 En un colegio hay 438 estudiantes de Primaria y 109 de Infantil. ¿Cuántos estudiantes hay en el colegio? ¿Cuántos hay de Primaria más que de Infantil?

8 ¿Cuántos euros han rebajado el sillón de la derecha?

9 En una clase hay 3 percheros. Cada perchero tiene 8 perchas. ¿Cuántas perchas hay en total en la clase?

10 Rocío está leyendo un libro de 632 páginas. Ha leído ya 285. ¿Cuántas páginas le faltan por leer a Rocío?

11 En una biblioteca hay 1.675 libros en inglés y 2.893 libros en castellano más que en inglés. ¿Cuántos libros hay en total en la biblioteca?

Cálculo mental

Suma 9 a números de dos cifras: primero suma 10 y luego resta 1

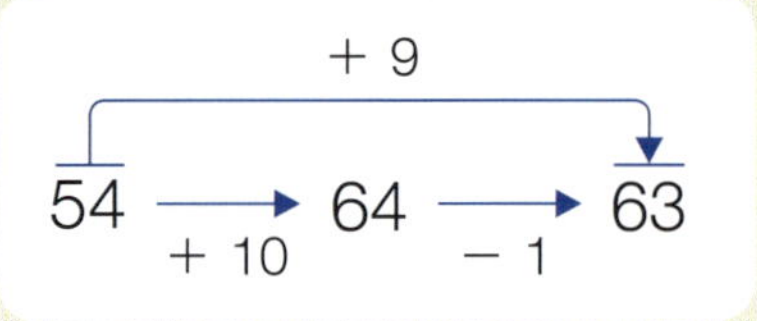

17 + 9   63 + 9
36 + 9   71 + 9
49 + 9   85 + 9

Resta 9 a números de dos cifras: primero resta 10 y luego suma 1

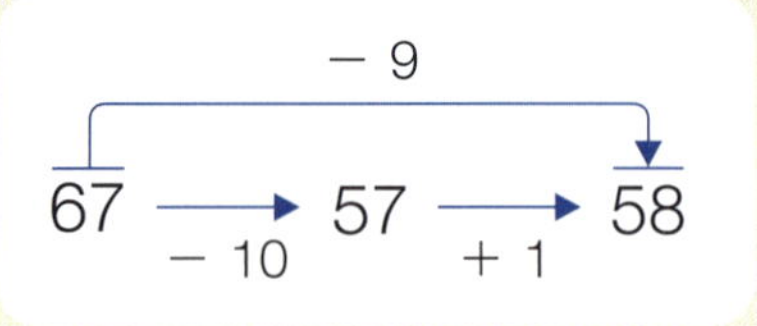

32 − 9   53 − 9
47 − 9   66 − 9
61 − 9   85 − 9

Un número, una suma y una resta

Escribe 26 como resultado de una suma en la que uno de los sumandos sea 9, y de una resta en la que el sustraendo sea 9.

Pequeños problemas

Calcula mentalmente

1. En un campeonato de ajedrez había apuntadas 37 personas. Ayer se apuntaron 9 más. ¿Cuántas personas hay apuntadas ahora?

2. Un camión lleva 86 sacos de patatas, y una furgoneta, 9 sacos menos. ¿Cuántos sacos lleva la furgoneta?

¿Qué sabes ya?

La suma y la multiplicación

¿Cuántos globos hay en total?

Suma de sumandos iguales:
3 + 3 + 3 + 3 = 12

Multiplicación:
3 × 4 = 12

1 **¿Cuántas manzanas hay en total? Copia y completa en tu cuaderno.**

Suma ▸ … + … = …

Multiplicación ▸ … × … = …

2 **¿Cuántos dados hay en 6 bolsas como esta? Calcula y contesta en tu cuaderno.**

4 Multiplicación

Tiempo para hablar

- ¿Cuántas personas pueden ir en cada vagoneta de la montaña rusa? Si tiene 9 vagonetas, ¿cuántas personas podrán subir en ella?
- Una noria tiene 8 góndolas con 4 personas en cada una. ¿Cuántas personas hay en la noria?
- ¿Con qué operación has respondido las preguntas anteriores? Explica si podrías hacerlo de otra forma.

SABER HACER

Calcular precios.

Tablas de multiplicar

¿Cuántas piezas hay colocadas en este puzle?

Hay 5 piezas en cada fila. Hay 3 filas.

$5 + 5 + 5 = 5 \times 3 = 15$

Hay 15 piezas.

Observa cómo se llaman los términos de la multiplicación.

$5 \times 3 = 15$

Factores (5 y 3) Producto (15)

- La multiplicación es una suma de sumandos iguales.
- Los términos de la multiplicación son los factores y el producto.

1 **Completa las series en tu cuaderno y contesta.**

- Suma 3 cada vez ▶ 0, 3, 6, ..., hasta 30.
- Suma 5 cada vez ▶ 0, 5, 10, ..., hasta 50.
- Suma 7 cada vez ▶ 0, 7, 14, ..., hasta 70.

¿A qué tabla de multiplicar corresponden los números de cada serie?

2 **Copia en tu cuaderno y calcula.**

RECUERDA

Repasa las tablas de multiplicar y memorízalas.

- 2×6
- 3×7
- 3×6
- 4×5
- 5×3
- 6×7
- 7×6
- 7×9
- 8×6
- 8×7
- 9×5
- 9×8

3 **Piensa, escribe la multiplicación en tu cuaderno y contesta.**

Una multiplicación cuyos factores son 5 y 7.

¿Cuál es su producto?

Una multiplicación cuyo producto sea 24.

¿Cuáles son sus factores?

4 **Calcula las multiplicaciones y contesta.**

- ¿Son iguales los factores de las dos multiplicaciones que hay en cada globo? ¿Son iguales sus productos?
- ¿Influye el orden de los factores en el producto de la multiplicación?
- ¿Cómo te puede ayudar esta propiedad para memorizar las tablas?

5 **Lee y calcula.**

HAZLO ASÍ

Cómo se multiplican tres números

Multiplica los dos primeros números y luego multiplica el resultado por el tercero.

3 × 2 × 4
6 × 4
24

- 2 × 1 × 8
- 2 × 3 × 7
- 2 × 4 × 5
- 3 × 1 × 9
- 5 × 2 × 6
- 3 × 3 × 4
- 4 × 2 × 6
- 5 × 1 × 9
- 7 × 1 × 8
- 5 × 2 × 7

Problemas

6 **Resuelve.**

- En un parque hay 5 filas de cerezos. En cada fila hay 8 cerezos. ¿Cuántos cerezos hay en el parque?
- Para su restaurante, Enrique compra 9 cajas con 6 zumos cada una. ¿Cuántos zumos compra en total?
- Blanca tiene un juego con 4 cajas de piezas de colores. Cada caja tiene 2 bolsas con 10 piezas cada una. ¿Cuántas piezas en total tiene el juego?

Inventad rimas con las tablas de multiplicar.

EJEMPLO Tres por cinco, quince.
He dibujado un lince.

CREATIVIDAD

Multiplicaciones sin llevar

En el colegio de Andrea han organizado un concurso de cuentos. Se han presentado 41 cuentos de 8 páginas cada uno. ¿Cuántas páginas se han presentado en total?

Multiplica 41 × 8

1.º Coloca los números y multiplica 8 por las unidades, 8 × 1 = 8.

D	U
4	1
×	8
	8

2.º Multiplica 8 por las decenas, 8 × 4 = 32.

C	D	U
	4	1
	×	8
3	2	8

En total se han presentado 328 páginas.

1 **Copia, calcula cada multiplicación y escribe cómo se llaman sus términos.**

RECUERDA

Empieza a multiplicar por las unidades.

D	U
6	2
×	4

D	U
7	1
×	5

C	D	U
4	2	0
	×	2

C	D	U
5	1	2
	×	4

UM	C	D	U
2	3	0	1
		×	3

EJEMPLO

C	D	U	
1	2	3	◄ factor
	×	2	◄ factor
2	4	6	◄ producto

2 **Coloca los números y calcula.**

- 34 × 2
- 91 × 6
- 802 × 2
- 613 × 3
- 421 × 4
- 710 × 5
- 6.213 × 2
- 9.210 × 3

3 **Calcula.**

- 10 × 2 × 3
- 20 × 3 × 5
- 30 × 4 × 2
- 100 × 7 × 6
- 200 × 4 × 9
- 300 × 4 × 3

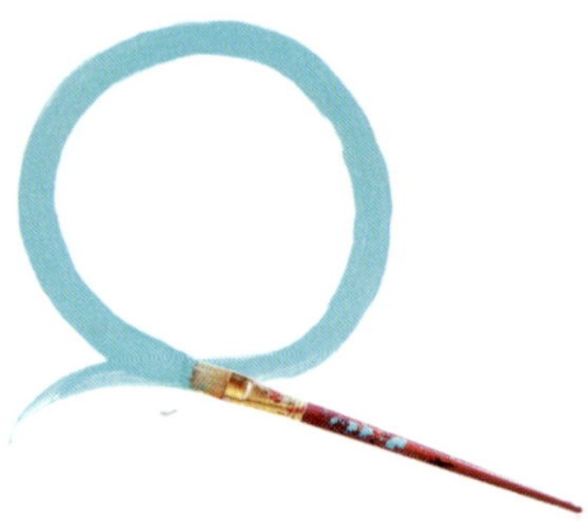

4 **Lee y calcula.**

- ¿Cuántas páginas tiene cada colección?
- ¿Cuántas páginas en total tienen la colección Lince y la colección Pantera?
- ¿Cuántas páginas tiene la colección Lince menos que la colección Pantera?
- ¿Cuántas páginas tiene la colección Pantera más que la colección Delfín?

Problemas

5 **Resuelve.**

- Ernesto tiene un álbum con 110 páginas. En cada página hay 6 cromos. ¿Cuántos cromos tiene Ernesto?
- Cada día, Tania camina durante 40 minutos. ¿Cuántos minutos en total camina en una semana?
- En una biblioteca hay 4 estanterías con 90 libros cada una. ¿Cuántos libros hay en la biblioteca?

- Natalia carga en su furgoneta 100 cajas con 4 bidones de agua cada una. Cada bidón contiene 5 litros. ¿Cuántos litros de agua transporta Natalia en su furgoneta?
- Andrea va al banco a cambiar monedas. Lleva 3 bolsas con 40 monedas de 2 € cada una. ¿Cuánto dinero lleva en total Andrea para cambiar?

PENSAMIENTO

¿Qué cifras ha tapado cada mancha de pintura?
Piensa y completa en tu cuaderno las multiplicaciones.

● 3 2 ●	1 ● 2 ●	5 2 1	7 3 0
× 3	× 4	× ●	× ●
3 9 6 9	4 0 8 8	1 5 6 3	1 4 6 0

Multiplicaciones llevando

Ismael hace las fotos de una revista sobre plantas.
Esta semana ha hecho 3 reportajes de 157 fotos cada uno.
¿Cuántas fotos ha hecho en total?

Multiplica 157 × 3

1.º Coloca los números y multiplica 3 por las unidades, 3 × 7 = 21.

C	D	U
	②	
1	5	7
	×	3
		1

2.º Multiplica 3 por las decenas, 3 × 5 = 15. Suma las que te llevas, 15 + 2 = 17.

C	D	U
①	②	
1	5	7
	×	3
	7	1

3.º Multiplica 3 por las centenas, 3 × 1 = 3. Suma las que te llevas, 3 + 1 = 4.

C	D	U
①	②	
1	5	7
	×	3
4	7	1

En total ha hecho 471 fotos.

1 Copia las multiplicaciones y calcula.

PRESTA ATENCIÓN

Primero multiplica y después suma las que te llevas.

D	U
3	7
×	2

D	U
5	4
×	6

C	D	U
1	0	6
	×	7

C	D	U
6	2	1
	×	8

2 Coloca los números y calcula.

- 25 × 3
- 83 × 4
- 96 × 5
- 54 × 7
- 62 × 8
- 47 × 9
- 438 × 2
- 372 × 3
- 654 × 4
- 732 × 5
- 486 × 6
- 594 × 7

3 Calcula.

- 25 × 3 × 2
- 47 × 2 × 1
- 65 × 4 × 3
- 142 × 4 × 5
- 317 × 3 × 4
- 108 × 5 × 3

EJEMPLO
25 × 3 × 2
75 × 2
150

4 **Coloca los números y calcula.**

- 2.753 × 2
- 3.651 × 3
- 5.328 × 4
- 4.573 × 5
- 2.854 × 6
- 1.352 × 8

EJEMPLO

$$\begin{array}{r} {\scriptstyle 1\ 1} \\ 2\,7\,5\,3 \\ \times\ \ 2 \\ \hline 5\,5\,0\,6 \end{array}$$

5 **Lee y calcula.**

RECUERDA

- Para calcular el doble de un número se multiplica el número por 2.
- Para calcular el triple de un número se multiplica el número por 3.

El doble

- 19
- 38
- 126
- 582
- 1.650

El triple

- 26
- 64
- 235
- 463
- 1.306

Problemas

6 **Resuelve.**

- Manuel vive a 125 metros del colegio. Cada día, Manuel recorre esta distancia 6 veces. ¿Cuántos metros recorre al día?
- Ayer, las cuatro salas del cine se llenaron. En cada sala caben 185 personas. ¿Cuántas personas fueron al cine ayer?
- Un juego tiene fichas de 5 colores. Hay 45 fichas de cada color. ¿Cuántas fichas tiene el juego?
- Para hacer un trabajo manual, la profesora ha comprado 28 paquetes con cartulinas de 4 colores. Cada paquete tiene 2 cartulinas de cada color. ¿Cuántas cartulinas ha comprado en total la profesora?

Pensad y contestad.

Luz y Sergio juegan a lanzar 3 dados y multiplicar los 3 números.

- ¿Cuál es la menor puntuación que pueden sacar? ¿Y la mayor?
- Imaginad que Luz saca 120 puntos. ¿Qué podría sacar Sergio en los tres dados para ganarle? ¿Hay más de una posibilidad?

PENSAMIENTO

COMPRUEBO MI PROGRESO

1 Copia y calcula.

- 2 × 7
- 4 × 8
- 6 × 7
- 7 × 6
- 8 × 3
- 9 × 5
- 3 × 9
- 5 × 6
- 6 × 9
- 7 × 4
- 8 × 8
- 9 × 9

2 ¿Cuántos cuadrados hay de cada color? Calcúlalo con dos multiplicaciones.

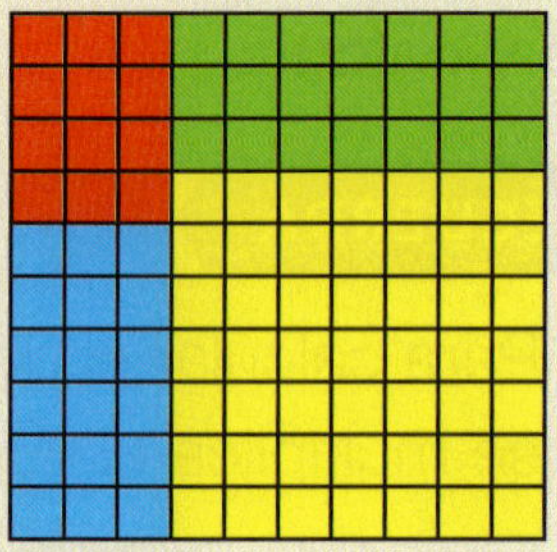

EJEMPLO ■ ▶ 3 × 4 = …
4 × 3 = …

3 Piensa y completa en tu cuaderno el factor que falta.

- 2 × ● = 14
- 3 × ● = 18
- 4 × ● = 36
- ● × 5 = 40
- ● × 7 = 63
- ● × 8 = 72

4 Multiplica tres números.

- 2 × 4 × 8
- 3 × 2 × 6
- 3 × 3 × 9
- 4 × 2 × 7
- 2 × 3 × 10

Ahora multiplica primero los factores cuyo producto sea una decena.

EJEMPLO 2 × 7 × 5
10 × 7 = 70

- 5 × 9 × 2
- 3 × 5 × 6
- 6 × 4 × 5
- 5 × 7 × 8

5 Coloca los números y calcula.

- 43 × 2
- 59 × 6
- 312 × 4
- 629 × 3
- 2.506 × 4
- 61 × 5
- 72 × 8
- 940 × 5
- 826 × 7
- 7.982 × 6

6 TIEMPO PARA ESCRIBIR. Explica cómo se halla el doble y el triple de un número. Después, calcula.

- El doble de cada número: 11, 23, 674 y 853.
- El triple de cada número: 12, 49, 312 y 670.

7 Lee y calcula.

- Hay 4 cajas. En cada caja hay 3 bolsas con 2 gorras cada una. ¿Cuántas gorras hay?
- Hay 5 cajas. En cada caja hay 4 bolsas con 9 globos cada una. ¿Cuántos globos hay?

8 **Resuelve.**

- En la oficina, Fabiana manda cada día por la mañana 9 correos, y por la tarde, otros 6. ¿Cuántos correos manda en total de lunes a viernes?

- Raquel compra 3 gorros y entrega para pagar 50 €. Le devuelven 25 €. ¿Le han dado de más o de menos? ¿Cuánto?
- Alejandro compra 4 bufandas para regalar. Al pagar le dicen que están rebajadas y solo le cobran 39 €. ¿Cuánto le han rebajado?

9 **Observad y resolved.**

Cristina necesitaba comprar algunos muebles para su nuevo apartamento. Buscó ofertas en internet y esta es la que más le gustó.

Rebajamos los precios

SILLAS
Desde 20 € hasta 50 €

MESAS
Desde 60 € hasta 150 €

SILLONES
Desde 120 € hasta 275 €

SOFÁS
Desde 295 € hasta 1.200 €

- Cristina compró dos mesas de 60 € y una de 150 €. ¿Cuánto le costaron las tres mesas?
- Pensó en comprar 6 sillas del modelo más barato. ¿Habría tenido suficiente para pagarlas con 100 €?
- Al final, Cristina encargó 4 sillas del modelo más caro. Al pagarlas le rebajaron 70 €. ¿Cuánto pagó en total por las sillas?
- Para pagar el sofá, Cristina entregó primero 120 € y después pagó 4 plazos de 115 € cada uno. ¿Cuál fue el precio total del sofá?

¿CÓMO LO HE HECHO? **Responde en tu cuaderno.**

- ¿Sé calcular multiplicaciones sin llevar y llevando?
- ¿Sé calcular el doble y el triple de un número?
- ¿Resuelvo problemas de sumas, restas y multiplicaciones?

Pon nota a tu trabajo en esta unidad.

Calcular precios

Son las fiestas del barrio y han instalado una feria con muchas atracciones. Una de las atracciones más visitadas es los vagones locos.

1 **Lee y resuelve.**

- ¿Cuántas personas pueden subir en 8 vagones rojos? ¿Y en 10 azules?
- Un grupo de amigos y amigas ha llenado 4 vagones rojos y 1 vagón verde. ¿Cuántas personas formaban el grupo?
- Las amigas y los amigos de Samuel han cogido 4 vagones amarillos y sobraban 2 plazas. ¿Cuántos amigos y amigas han subido en total a los vagones amarillos?
- Un grupo de 25 personas está esperando para subir a los vagones locos. Cuando les toca su turno, hay libres 3 vagones amarillos y 1 vagón verde. ¿Podrán subir todas?

2 **Resolved estos problemas.**

- Un viaje en un vagón rojo cuesta 10 €, y un viaje en un vagón azul, 11 €. La familia de Andrea ha llenado 2 vagones rojos y 1 vagón azul. ¿Cuánto pagarán en total?
- El sábado visitaron la feria 2.340 personas, y el domingo, el doble de personas. ¿Cuántas personas visitaron la feria el domingo?
- El jueves visitaron la feria 1.203 personas y el viernes la visitaron el triple de personas. ¿Cuántas personas la visitaron el viernes?

Juega con las tablas de multiplicar

Material: Tarjetas plastificadas para escribir (reverso de las tarjetas de numeración). Lámina de tablas y rotulador.

Número de participantes: 5

Reglas del juego:

Cada participante, por turnos, anota en la tarjeta un número de la lámina de las tablas.

El resto del grupo, por orden, deberá adivinarlo haciendo una pregunta en la que incluyan al menos una palabra como *tabla*, *columna*, *fila*, *factores*…

El jugador o jugadora que acierte obtendrá 1 punto.

Gana quien consiga primero 6 puntos.

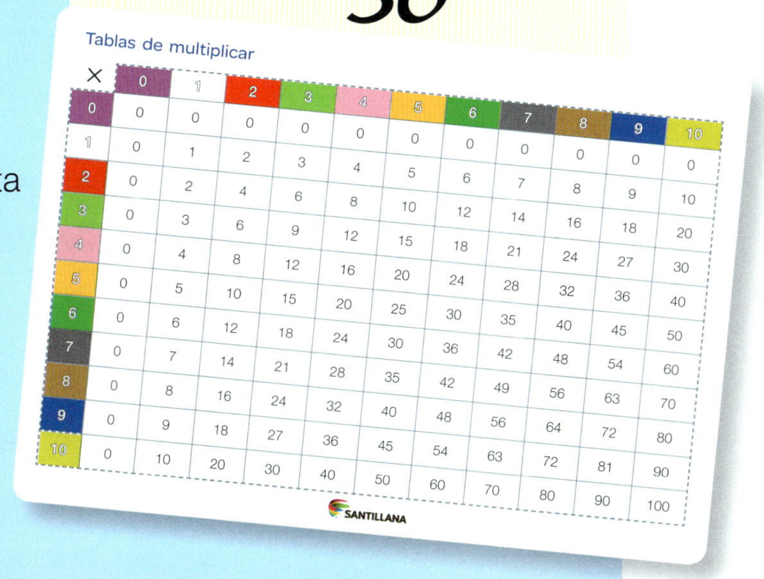

×	0	1	2	3	4	5	6	7	8	9	10
0	0	0	0	0	0	0	0	0	0	0	0
1	0	1	2	3	4	5	6	7	8	9	10
2	0	2	4	6	8	10	12	14	16	18	20
3	0	3	6	9	12	15	18	21	24	27	30
4	0	4	8	12	16	20	24	28	32	36	40
5	0	5	10	15	20	25	30	35	40	45	50
6	0	6	12	18	24	30	36	42	48	54	60
7	0	7	14	21	28	35	42	49	56	63	70
8	0	8	16	24	32	40	48	56	64	72	80
9	0	9	18	27	36	45	54	63	72	81	90
10	0	10	20	30	40	50	60	70	80	90	100

1. Escribid el número que ha pensado Martina a partir de estas pistas.

- ¿Cuántas veces se repite en toda la tabla? 4 veces.
- ¿Está en la columna del 5? No.
- ¿Está en la fila del 8? Sí.

Retos matemáticos

Dos filas, tres monedas

Moviendo solo una moneda, consigue dos filas con tres monedas en cada fila.

Atravesando vagones

Voy en un tren que lleva 11 vagones. Yo viajo en el segundo, y quiero ir hasta el antepenúltimo vagón.

¿Cuántos vagones tengo que atravesar para ir hasta allí y regresar a mi vagón?

Solución de problemas

Sacar conclusiones de un enunciado

Vamos a ver qué oraciones son correctas a partir del enunciado.

Lola tenía en su tienda 4 bolsas de mandarinas.
Cada bolsa tenía 10 mandarinas.
Cuando cerró, le quedaban 3 bolsas por vender.

A. Lola vendió 2 bolsas.

B. A Lola le quedaron 30 mandarinas.

C. Lola tenía 40 mandarinas a la venta.

D. Lola vendió 30 mandarinas.

▸ Analiza cada oración.

A. Le quedaban 3 bolsas por vender y tenía 4 bolsas.
Por tanto, Lola vendió 1 bolsa.
La oración es incorrecta.

Continúa tú y copia en tu cuaderno las oraciones verdaderas.

¿Qué oraciones son correctas? Lee y cópialas en tu cuaderno.

1 María es más alta que Juan y más baja que Lucas.
Además, Juan es más alto que Teo.

A. Lucas es más alto que María.

B. Juan es más alto que Lucas.

C. Lucas es el más alto.

D. María es más alta que Teo.

E. Teo es el más bajo.

2 Ayer, en el restaurante de Luis pidieron carne 15 hombres y 12 mujeres.
Pidieron pescado 13 hombres y 16 mujeres.

A. Los hombres prefirieron más la carne que el pescado.

B. Pidieron pescado más hombres que mujeres.

C. Las mujeres prefirieron el pescado a la carne.

D. Se pidió más carne que pescado.

1 **¿Cuántas unidades son? Copia y completa en tu cuaderno.**

- 3 UM = … U
- 5 UM = … U
- 6 DM = … U
- 7 DM = … U

2 **Escribe los números.**

- Comprendidos entre 9.995 y 10.005.
- Comprendidos entre 21.097 y 21.107.

3 **Escribe con letras o con cifras.**

- 7.509
- 8.760
- 9.009
- 45.016
- 60.120
- 84.085
- Cuatro mil doscientos treinta y nueve.
- Veinte mil doscientos diecinueve.

4 **Coloca los números y calcula.**

- 23.765 + 15.574
- 84.539 + 8.436
- 52.031 − 24.965
- 71.040 − 9.438

5 **Observa los bombones que tiene cada caja y calcula.**

- Javier compró una caja de bombones y Andrea otra. Javier compró el doble de bombones que Andrea. ¿Qué cajas pudieron comprar?
- Susana compró una caja de bombones y David otra. Susana compró el triple de bombones que David. ¿Qué cajas pudieron comprar?

Problemas

6 Marta está haciendo una colección de 150 cromos de castillos. En el álbum ya tiene 85 cromos y su amigo Álvaro le ha dado 23 cromos más. ¿Cuántos cromos le faltan para completar la colección?

7 Ayer, Gustavo dio una vuelta en bicicleta a dos circuitos, uno de 2.850 metros y otro de 970 metros. Hoy ha recorrido 3.480 metros. ¿Cuántos metros recorrió ayer más que hoy?

8 Ester quiere comprar dos regalos. Le gustan un reloj de 26 €, unos patines de 18 € y un juego de 19 €. Paga con 50 € y le devuelven 5 €. ¿Qué dos regalos ha elegido Ester?

9 Para hacer una tarta de fresa, Raquel necesita 250 gramos de mermelada. Raquel tiene dos botes, uno de 80 gramos y otro de 90 gramos. ¿Cuántos gramos de mermelada le faltan?

COOPERAMOS

Realizar cálculos con fechas

1. Formad grupos de 4 personas.

2. Uno de vosotros leerá esta información en voz alta y entre todos comentaréis los datos que aparecen en la ilustración.

El 20 de julio de 1969, el cohete Apolo 11 con tres personas a bordo aterrizó en la Luna. Una de ellas, Neil Armstrong, fue la primera en pisar la superficie lunar.

Tripulantes del Apolo 11

- Neil A. Armstrong, 38 años
- Edwin E. Aldrin, 39 años
- Michael Collins, 38 años

Fechas importantes del viaje

- 16 de julio ▸ La nave despega en EE. UU.
- 20 de julio ▸ La nave aterriza en la Luna.
- 22 de julio ▸ La nave sale hacia la Tierra.
- 24 de julio ▸ La nave ameriza en el océano.

3. Cada uno de vosotros será el encargado de coordinar uno de los cuatro ejercicios que hay a continuación y hará estas tareas:

Leer el ejercicio en voz alta mientras los demás escuchan.

Acordar, entre todos, la manera de resolverlo.

Procurar que todo el mundo colabore.

EJERCICIOS

1. ¿Cuántos días tardó el Apolo 11 en llegar a la Luna? ¿Tardó más en el viaje de ida o en el viaje de vuelta?
2. ¿Cuántos días duró el viaje completo, desde que la nave despegó hasta que amerizó?
3. ¿Cuál de los tres astronautas era en 1969 el mayor? Con estos datos, ¿puedes saber cuál era el más joven?
4. En 2009 se celebraron los 40 años de la llegada a la Luna. ¿Cuál de los tres astronautas era en 2009 el mayor? ¿Cuántos años tenía cada uno de ellos?

4. TIEMPO PARA HABLAR. Escoged a un portavoz que explique al resto de la clase vuestras respuestas y cómo habéis llegado a ellas.

¿CÓMO LO HEMOS HECHO? Responde en tu cuaderno.

- ¿Hemos colaborado todos?
- ¿Nos hemos puesto de acuerdo fácilmente?
- ¿Nos hemos sentido cómodos trabajando juntos?

Pon nota a este trabajo.

TERMINAMOS EL TRIMESTRE

En el mercadillo regalan árboles y 8 personas ya han cogido uno.

1 Observa los números de los pinos y escribe.

- Su descomposición y su lectura.
- La ordenación de mayor a menor.
- La aproximación a los millares de los dos números menores.

2 Escribe en tu cuaderno qué lugar ocupan en la fila.

 ▸ primero

 ▸ …

 ▸ …

 ▸ …

 ▸ …

 ▸ …

3 Observa los números de cada grupo de bolas y calcula.

- La suma de los dos números menores.
- La suma de los dos números mayores.
- La suma de los tres números.

- La diferencia del número mayor y del menor.
- La diferencia de los dos números menores.
- La diferencia de los dos números mayores.

4 **Estima las siguientes operaciones.**

- 67 + 42
- 139 + 461
- 809 + 685
- 3.281 + 4.803
- 84 − 58
- 742 − 399
- 422 − 338
- 6.684 − 5.914

5 **Coloca los números y calcula en tu cuaderno.**

143 × 2 · 232 × 5 · 3.760 × 4 · 462 × 7 · 2.321 × 3 · 1.354 × 8

6 **Calca estos ángulos y clasifícalos. Después, mídelos con el transportador.**

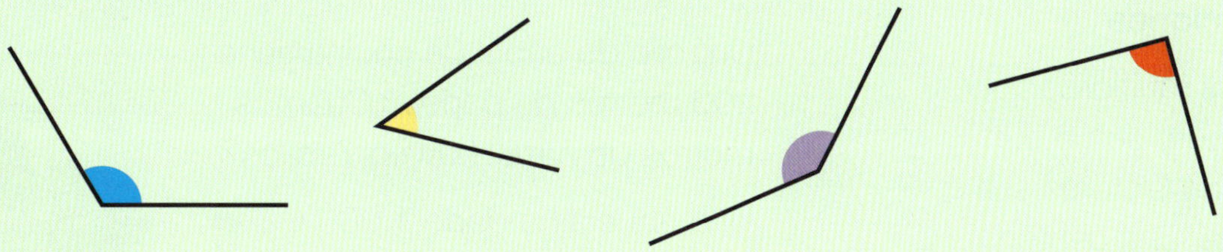

Problemas

7 **Resuelve.**

- El ayuntamiento de un pueblo quiere adornar las calles. Ha gastado 1.250 € en luces y el triple en guirnaldas. ¿Cuánto dinero han gastado en total?
- Unos grandes almacenes han encargado un total de 1.200 velas. Una caja contenía 375 velas rojas, otra caja tenía 459 velas verdes y otra velas amarillas. ¿Cuántas velas amarillas tenía la tercera caja?
- En el pueblo adornaron la plaza con 2.500 luces de colores. Al ponerlas se rompieron 57 rojas, el doble de verdes y 49 azules. ¿Cuántas luces quedaron?
- En el pueblo hay un mercadillo navideño. El viernes lo visitaron 1.800 personas, el sábado vinieron 500 personas más y el domingo lo visitaron 245 personas menos que el viernes. ¿Cuántas personas lo visitaron en total?

Antes de empezar

Cálculo mental

Multiplica un número de una cifra por decenas, por centenas y por millares

3 × 1**0** = 3**0**

2 × 10	2 × 60
5 × 10	3 × 80
8 × 10	6 × 70
9 × 10	8 × 90

7 × 4**00** = 2.8**00**

3 × 100	4 × 300
4 × 100	5 × 400
7 × 100	7 × 600
9 × 100	8 × 800

9 × 2**.000** = 18**.000**

2 × 1.000	3 × 5.000
6 × 1.000	6 × 4.000
7 × 1.000	8 × 7.000
8 × 1.000	9 × 8.000

Un número, varias multiplicaciones

Escribe tres multiplicaciones cuyo producto sea 6.000 y uno de sus factores sea una decena, una centena o un millar completo.

Pequeños problemas

Calcula mentalmente

1. Un rollo de papel de cocina tiene 200 metros de papel. ¿Cuántos metros de papel hay en 7 rollos?
2. Una abuela ha dado 1.000 € a cada uno de sus 6 nietos. ¿Cuánto dinero ha repartido en total?

¿Qué sabes ya?

Multiplicaciones llevando

Multiplica 2.413 × 6

1.º Multiplica 6 por las unidades.

```
UM C D U
     ①
 2 4 1 3
     × 6
--------
       8
```

2.º Multiplica 6 por las decenas y suma las que te llevas.

```
UM C D U
     ①
 2 4 1 3
     × 6
--------
     7 8
```

3.º Multiplica 6 por las centenas. No te llevas ninguna.

```
UM C D U
 ②   ①
 2 4 1 3
     × 6
--------
   4 7 8
```

4.º Multiplica 6 por las unidades de millar y suma las que te llevas.

```
UM C D U
 ②   ①
 2 4 1 3
     × 6
----------
 1 4 4 7 8
```

1 **Coloca los números y calcula.**

- 82 × 2
- 54 × 3
- 146 × 7
- 425 × 4
- 1.370 × 8
- 2.318 × 5

5 Práctica de la multiplicación

Tiempo para hablar

- Marcos va a celebrar su cumpleaños y quiere invitar a una piscina de bolas a doce familiares y siete amigos. Una hora cuesta 5 €, y dos horas, 8 € por persona. ¿Cuánto pagará si están una hora? ¿Y si están dos horas?
- ¿Cuánto les costará pasar la tarde completa sabiendo que cuesta 10 € por persona?
- La tarde completa en el parque de bolas dura 3 horas. ¿Sabrías explicar por qué solo cuesta 10 €?

SABER HACER

Organizar un viaje.

Multiplicación por números de dos cifras

En el pueblo de David han organizado una excursión a los lagos. Se han apuntado 154 personas y cada una ha pagado 23 €. ¿Cuánto se ha recaudado en total?

Multiplica 154 × 23

1.º Multiplica 154 por 3.

$$\begin{array}{r} 154 \\ \times\ 23 \\ \hline 462 \end{array}$$

2.º Multiplica 154 por 2 y coloca el producto debajo del anterior, dejando un hueco a la derecha.

$$\begin{array}{r} 154 \\ \times\ 23 \\ \hline 462 \\ 308 \end{array}$$

3.º Suma los productos obtenidos.

$$\begin{array}{r} 154 \\ \times\ 23 \\ \hline 462 \\ 308 \\ \hline 3542 \end{array}$$

Se han recaudado 3.542 €.

1 Copia y calcula en tu cuaderno.

PRESTA ATENCIÓN

No olvides dejar un hueco a la derecha al colocar el segundo producto.

$$\begin{array}{r} 35 \\ \times\ 29 \\ \hline \end{array} \qquad \begin{array}{r} 93 \\ \times\ 38 \\ \hline \end{array} \qquad \begin{array}{r} 465 \\ \times\ 45 \\ \hline \end{array}$$

2 Coloca los números y calcula en tu cuaderno.

- 37 × 69
- 46 × 87
- 176 × 25
- 269 × 96
- 382 × 57
- 591 × 74

3 Observa que el segundo factor es una decena y calcula.

HAZLO ASÍ

Para multiplicar un número por una decena se multiplica la cifra de las decenas por el número y se añade un cero.

$$\begin{array}{r} 412 \\ \times\ 3\mathbf{0} \\ \hline 1236\mathbf{0} \end{array}$$

- 97 × 30
- 49 × 50
- 254 × 40
- 536 × 20
- 732 × 30
- 961 × 60
- 3.120 × 20
- 2.378 × 40

4 **Observa estos números y resuelve.**

- Escribe con estos números tres multiplicaciones distintas de dos factores.
- Piensa y contesta: ¿en qué multiplicación el producto terminará en 0? ¿Y en 8? ¿Y en 5?
- Calcula las multiplicaciones y comprueba tus respuestas.

5 **Calcula en tu cuaderno cada multiplicación de tres números. Después, contesta.**

- $73 \times 5 \times 12$ → $\ldots \times 12$ → …
- $12 \times 5 \times 73$ → $\ldots \times 73$ → …
- $73 \times 12 \times 5$ → $\ldots \times 5$ → …

¿Tienen las tres multiplicaciones los mismos factores? ¿Y el mismo producto?

Problemas

6 **Resuelve.**

- Marta va todos los días a natación. Cada día nada durante 45 minutos. ¿Cuántos minutos en total nada al mes?
- Un polideportivo tiene un total de 250 socios. Cada socio paga al año una cuota de 35 €. ¿Cuántos euros recauda el polideportivo anualmente?

- Unos grandes almacenes han puesto en oferta un televisor por 450 €. En esta semana ya han vendido 36. ¿Cuánto han recaudado por esta venta?
- Cada día un autobús va de la ciudad *A* a la ciudad *B* y recorre un total de 82 kilómetros. ¿Cuántos kilómetros recorrerá el autobús en un año?

PENSAMIENTO

Pensad y completad. Después, poned ejemplos y comprobad.

¿Cómo será el producto de cada multiplicación: un número par o impar?

- Número par × número par
- Número impar × número impar
- Número par × número impar
- Número impar × número par

Estimación de productos

Para alimentar a su ganado, Rosa necesita cada día 230 kilos de pienso. ¿Cuántos kilos de pienso necesita aproximadamente en una semana?

Estima el producto 230 × 7

Aproxima 230 a las centenas y, después, multiplica la aproximación obtenida por 7.

$$\begin{array}{r} 230 \\ \times\ 7 \\ \hline \end{array} \longrightarrow \begin{array}{r} 200 \\ \times\ 7 \\ \hline 1400 \end{array}$$

Necesita aproximadamente 1.400 kilos de pienso.

1 Estima los productos.

HAZLO ASÍ

Estima el producto 78 × 3

Aproxima 78 a las decenas y, después, multiplica por 3.

$$\begin{array}{r} 78 \\ \times\ 3 \\ \hline \end{array} \longrightarrow \begin{array}{r} 80 \\ \times\ 3 \\ \hline 240 \end{array}$$

Aproxima a las decenas

- 27 × 4
- 43 × 5
- 88 × 3
- 66 × 7
- 92 × 8

Aproxima a las centenas

- 132 × 3
- 349 × 4
- 194 × 5
- 518 × 6
- 776 × 9

2 Observa el dibujo y calcula.

- ¿Cuántos kilos aproximadamente pesarán 5 ovejas?
- ¿Cuántos kilos aproximadamente pesarán 8 vacas?

3 Resuelve.

Paula lleva 8 cajas de naranjas, de 29 kilos cada una, y 9 cajas de manzanas, de 18 kilos cada una.

- ¿Cuántos kilos aproximadamente pesan las naranjas?
- ¿Cuántos kilos aproximadamente pesan las manzanas?

4 **Estima los productos.**

PRESTA ATENCIÓN

Para estimar el producto 1.750 × 4, aproxima 1.750 a los millares y, después, multiplica por 4.

- 1.750 × 4
- 3.876 × 5
- 6.234 × 6
- 7.364 × 3
- 8.920 × 2
- 5.609 × 8

Problemas

5 **Estima y contesta.**

- Un grupo de 5 amigos ha ido a visitar un museo. Cada entrada cuesta 27 €. ¿Cuánto pagarán aproximadamente por las entradas?
- Andrés ha comprado una moto y la ha pagado en 9 meses. Cada mes ha pagado 199 €. ¿Cuánto le ha costado la moto aproximadamente?
- Un avión recorre 2.750 kilómetros cada día. ¿Cuántos kilómetros aproximadamente recorre en una semana?

6 **Resuelve estimando.**

12 €

499 €

1.150 €

- María tiene 50 €. ¿Puede comprar 3 camisetas?
- Para el centro social de un pueblo han comprado 5 televisores. ¿Cuánto dinero se han gastado aproximadamente?
- Esta semana, el conjunto de sofás está en oferta. Han vendido 8 modelos. ¿Cuánto dinero han recaudado aproximadamente?

Fijaos en la multiplicación e inventad.

- Dos situaciones en las que necesitéis calcular esa multiplicación.
- Dos situaciones en las que os venga bien estimar esa multiplicación.

CREATIVIDAD

Problemas de varias operaciones

En un campeonato deportivo compitieron tres colegios. Cada colegio presentó a 25 participantes, pero al final solo compitieron 68. ¿Cuántos participantes faltaron?

1.° Calcula los participantes que se presentaban en total.

$$\begin{array}{r} 2\ 5 \\ \times\ \ 3 \\ \hline 7\ 5 \end{array}$$

2.° Calcula los participantes que faltaron.

$$\begin{array}{r} 7\ 5 \\ -\ 6\ 8 \\ \hline 0\ 7 \end{array}$$

A la competición faltaron 7 participantes.

1 **¿Cuántos puntos consiguió el colegio Miraflores en cada prueba? Observa el valor de cada medalla y calcula en tu cuaderno.**

 ▶ 75 puntos

 ▶ 50 puntos

 ▶ 25 puntos

Relevos 

Salto de longitud 

Salto de altura 

2 **Lee y resuelve.**

- Isabel plantó en su huerto 15 filas con 8 matas de tomates cada una. Tuvo que cortar 7 matas que se estropearon. ¿Cuántas matas le quedaron?
- La sala donde ponen la película de estreno tiene 9 filas con 45 butacas cada una. Esta tarde había 18 butacas vacías. ¿Cuántas personas fueron a ver la película?

3 **Observa el cartel y calcula.**

ENTRADAS
Adultos: 8 €
Infantiles: 3 €

- Mara y sus primos van con sus padres a la función. Sacan 4 entradas de adultos y 6 entradas infantiles. ¿Cuánto pagarán en total por las entradas?

  Entradas de adultos ▶ …
  Entradas infantiles ▶ …
  Total ▶ …

- ¿Cuánto cuestan las entradas de un grupo de 10 adultos, 4 niños y 5 niñas?

Uso de la calculadora 5

Lorena ha calculado una suma, una resta y una multiplicación en su cuaderno. Ahora quiere comprobar los resultados con la calculadora.

Suma 637 + 45 con la calculadora

1.º Pulsa la tecla [ON] para encenderla.

2.º Teclea: [6] [3] [7] [+] [4] [5] [=]

3.º Mira en la pantalla el resultado: 682

Resta 415 − 86 con la calculadora

1.º Teclea: [4] [1] [5] [−] [8] [6] [=]

2.º Mira en la pantalla el resultado: 329

Multiplica 69 × 3 con la calculadora

1.º Teclea: [6] [9] [×] [3] [=]

2.º Mira en la pantalla el resultado: 207

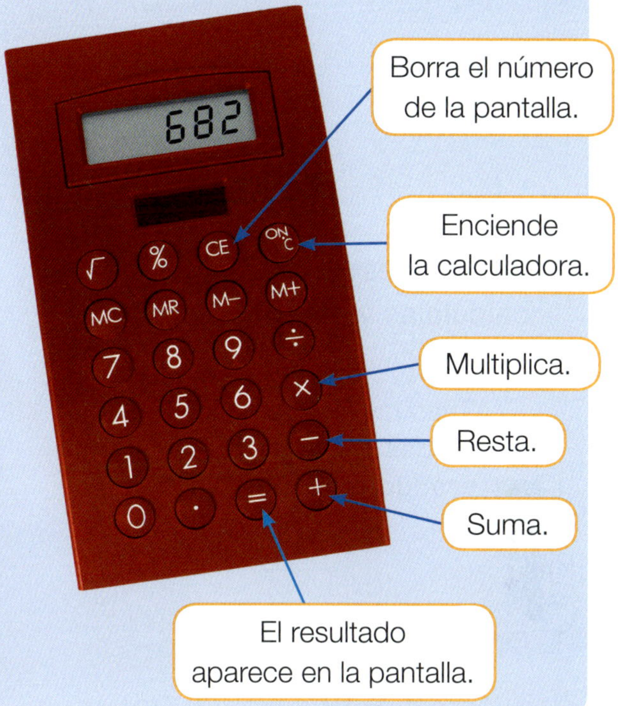

1 **Calcula las sumas. Después, comprueba los resultados con la calculadora.**

PRESTA ATENCIÓN

El punto de *mil* no se teclea.

- 5.078 + 629
- 3.452 − 1.706
- 755 × 5
- 73 + 486 + 9
- 8.760 − 98
- 72 × 24

2 **Utiliza la calculadora y completa en tu cuaderno.**

746 —(+ 154)→ ☐ —(− 72)→ ☐ —(× 6)→ ☐

Si te equivocas, pulsa [CE] y teclea otra vez.

EMOCIONES

Piensa y contesta.

Si al comprobar con la calculadora el resultado de una operación:

- Ves que la has hecho bien, ¿cómo te sientes? ¿Te anima a seguir trabajando, sabiendo que puedes lograrlo?
- Ves que te has equivocado, ¿cómo te sientes? ¿Crees que conocer tus fallos te puede ayudar a superarlos y mejorar?

COMPRUEBO MI PROGRESO

1 Calcula.

- 68 × 20
- 72 × 19
- 391 × 50
- 85 × 72
- 434 × 26
- 2.342 × 13
- 375 × 35
- 4.864 × 54
- 583 × 48
- 7.653 × 67

2 Piensa y escribe. Después, calcúlalas y comprueba.

Tres multiplicaciones de dos factores cuyo producto termine en 4.

3 Opera en tu cuaderno.

- 23 × 4 × 12
- 150 × 2 × 18
- 56 × 3 × 25
- 307 × 4 × 36
- 62 × 2 × 36
- 806 × 9 × 45

4 TIEMPO PARA ESCRIBIR. Explica, mediante un ejemplo, qué es estimar un producto:

- Aproximando a las decenas.
- Aproximando a las centenas.
- Aproximando a los millares.

5 Estima aproximando como se indica.

A las decenas	23 × 5	71 × 7
	42 × 6	89 × 9
A las centenas	146 × 3	429 × 5
	567 × 4	709 × 6
A los millares	2.120 × 2	4.340 × 7
	3.780 × 4	7.890 × 8

6 Observa y calcula.

- ¿Cuántos centímetros de cinta hay aproximadamente en 5 rollos?
- ¿Cuántos litros de agua hay aproximadamente en 4 depósitos?
- ¿Cuántos kilos aproximadamente pesarán 2 hipopótamos?

7 ¿Cuánto dinero hay en cada caja? Lee y calcula.

175 monedas de 2 € y 36 billetes de 5 €.

73 billetes de 10 € y 28 billetes de 20 €.

8 Copia en tu cuaderno y, sin hacer la operación, escribe el signo $<$ o $>$. Después, calcula y comprueba.

- 80 × 40 ◯ 50 × 40
- 90 × 60 ◯ 70 × 30
- 12 × 60 ◯ 15 × 70

9 Calcula. Después, utiliza la calculadora y comprueba los resultados.

- 639 + 2.804
- 83 × 3
- 503 + 9 + 45
- 364 × 5
- 785 − 263
- 79 × 10
- 4.031 − 392
- 48 × 72

Problemas

10 **Resuelve.**

- Carmen corre 12 km cada día de lunes a viernes. El sábado y el domingo corre 2 km más cada día. ¿Cuánto corre a la semana?
- Enrique transporta en su furgoneta 25 muebles con 8 cajones cada uno. En cada cajón hay una bolsa con 9 tornillos cada una. ¿Cuántos tornillos lleva?
- En una pastelería han hecho 10 tartas de chocolate. En cada tarta han puesto 45 gramos de almendras y 125 gramos de chocolate. ¿Cuántos gramos pesarán las almendras y el chocolate que han utilizado?

11 **Observa el dibujo y resuelve.**

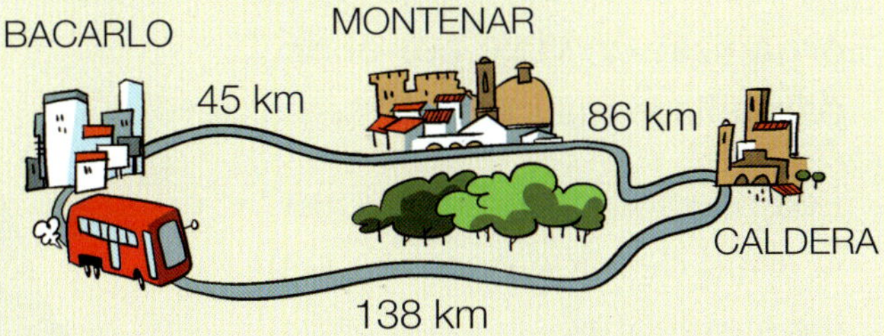

- Todos los días, el autobús de la línea 1 hace el recorrido de ida y vuelta de Bacarlo a Caldera pasando por Montenar. ¿Cuántos kilómetros recorre este autobús en una semana?
- Todos los días, el autobús de la línea 2 va de Bacarlo a Caldera pasando por Montenar, y vuelve a Bacarlo por el otro camino. ¿Cuántos kilómetros recorre este autobús en 15 días?

12 **Observad el dibujo y resolved.**

- Jorge ha tocado 14 veces la bola azul y 23 veces la bola roja. ¿Cuántos puntos ha conseguido?
- Lucía ha dado 13 veces a la bola azul, 24 a la roja y 2 a la verde. ¿Cuántos puntos ha conseguido Lucía?
- En la segunda partida, Lucía dio 21 veces a la bola verde y el triple de veces a la bola azul. ¿Cuántos puntos consiguió con la bola azul?

¿CÓMO LO HE HECHO? Responde en tu cuaderno.

- ¿Calculo multiplicaciones por números de dos cifras?
- ¿Sé estimar productos?
- ¿Resuelvo problemas de varias operaciones?
- ¿Sé utilizar la calculadora para hacer operaciones?

Pon nota a tu trabajo en esta unidad.

Organizar un viaje

Cerca del parque infantil hay un embarcadero. Para celebrar su cumpleaños, Verónica quiere organizar un viaje por el río para ella y sus invitados.

Los precios por viaje según la edad de cada persona son los siguientes:

Edad	Precio
Más de 8 años	12 €
De 2 a 8 años	8 €
Menos de 2 años	Gratis

1 Lee y resuelve.

- De los 19 invitados de Verónica, 5 tienen más de 8 años y el resto, incluida ella, tienen 8 años. ¿Cuánto costará el viaje de todos?
- En el embarcadero les dicen que deben ir acompañados por adultos, así que suben con ellos 2 tíos de Verónica y sus padres. ¿Cuánto costará el viaje de niños y adultos en total?

2 Resolved.

- Si el año que viene para el cumpleaños de Verónica suben en el barco las mismas personas que este año, ¿cuánto les costará el viaje en total? ¿Tendrán suficiente con 280 €?
- Verónica está pensando en comprar un bono para viajar este año con su madre. El bono de 10 viajes para 2 personas cuesta 90 €. Si viajan 3 veces, ¿les compensa comprar el bono? ¿Y si viajan 7 veces?

Juega con las multiplicaciones

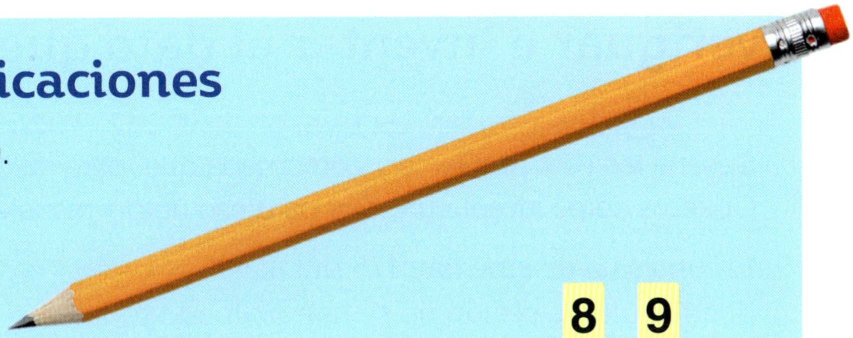

Material: Tarjetas numéricas del 0 al 9.
Una hoja de papel y un lápiz.

Número de participantes: 5

Reglas del juego:

Por turnos, cada participante, sin que los demás lo vean, extrae 4 tarjetas numéricas al azar y construye dos números de dos cifras, que multiplica de forma oculta en un papel.

Después, a la vista de todo el grupo, reproduce esa multiplicación sobre la mesa utilizando las tarjetas numéricas y dejando huecos en algunas de las cifras.

		8	9
	×		4
	3	5	
2		7	
	0		6

El resto de participantes, por turnos, deberá adivinar las cifras que no aparecen hasta completar la multiplicación.

Cada jugador o jugadora que acierte una de las cifras obtiene 1 punto.

Vence quien consiga primero 12 puntos.

1. Escribid en vuestros cuadernos la multiplicación de arriba con todas las cifras que faltan. Comprobad que lo habéis hecho bien.

Retos matemáticos

Los saludos

Cuatro personas se saludan con un apretón de manos. Si todos saludan a todos, ¿cuántos apretones de mano habrá?

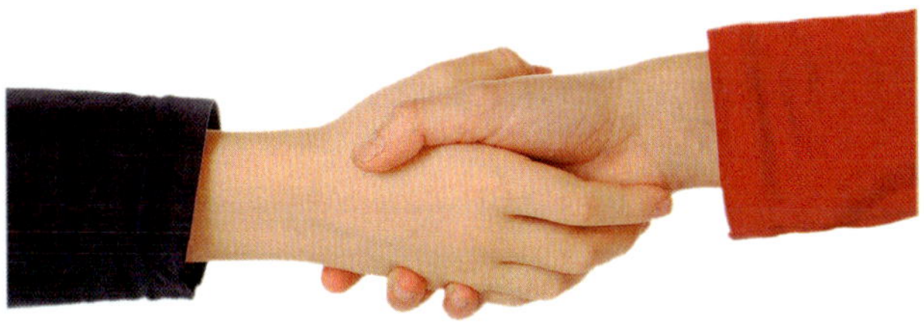

Sumar a la suma

Sumando el mismo número a cada uno de los términos de esta suma, incluido el resultado, la operación se convierte en correcta. ¿Qué número hay que sumar?

$60 + 30 + 5 = 135$

Solución de problemas

Averiguar e inventar el dato que falta

Susana lee este problema y comprueba que, para resolverlo, le falta un dato. Observa cómo inventa un valor para ese dato y resuelve el problema.

En una sala de cine hay 175 butacas.
Si en la última sesión no se han ocupado todas, ¿cuántas butacas hay vacías?

1.º Comprende.

Datos ▶ Hay 175 butacas.
No se han ocupado todas.

Pregunta ▶ ¿Cuántas butacas hay vacías?

Para calcular las butacas vacías nos hace falta saber las butacas que se han ocupado.

Inventa un valor. Debe ser menor que 175.
Por ejemplo: Se han ocupado 120 butacas.

2.º Piensa en qué hay que hacer.

Hay que restar al número total de butacas el número de butacas ocupadas (dato inventado).

3.º Calcula.

175 − 120 = 55 **Solución:** Hay vacías 55 butacas.

4.º Comprueba.

Revisa si está bien resuelto.

Averigua el dato que falta en cada problema e invéntalo. Después, resuelve.

1. Marcos tiene 75 € ahorrados y su hermano Luis tiene algunos euros menos. ¿Cuántos euros tiene ahorrados Luis menos que Marcos?

2. A una excursión fueron 35 hombres, 49 mujeres y varios niños. ¿Cuántas personas fueron en total a la excursión?

3. Angélica ha repartido varias cajas de peras con su furgoneta. Cada caja tenía 8 kilos. ¿Cuántos kilos de peras ha repartido Angélica?

4. Silvia tiene 15 años y su padre tiene bastantes años más que ella. ¿Cuántos años tienen entre los dos?

1 **Descompón cada número.**

- 3.092
- 4.170
- 6.900
- 28.035
- 50.123
- 73.004

2 **Ordena cada grupo de números.**

- De menor a mayor:

  3.215 3.100 3.148 3.089 3.098

- De mayor a menor:

  4.029 40.290 42.090 40.920 42.900

3 **Coloca y calcula.**

- 12.095 + 3.890
- 15.976 + 9.999
- 28.037 − 4.856
- 19.800 − 9.084
- 620 × 6
- 401 × 8
- 3.503 × 2
- 8.271 × 4

4 **Escribe tres números cuya aproximación a los millares sea 4.000.**

5 **Aproxima cada número.**

- 92
- 76
- 538
- 476
- 3.199
- 5.201

6 **Aproxima al orden que se indica y, después, estima cada operación.**

Aproxima a las decenas

- 28 + 62
- 67 + 24
- 83 − 18
- 79 − 34

Aproxima a las centenas

- 134 + 469
- 319 + 580
- 776 − 336
- 825 − 499

Aproxima a los millares

- 2.380 + 1.970
- 4.250 + 3.790
- 6.640 − 2.370
- 8.265 − 4.876

Problemas

7 Jorge tiene en su cuenta 1.840 €. Primero saca 320 € para pagar una factura y, después, saca 180 €. ¿Cuánto dinero le queda a Jorge en su cuenta?

8 Por su cumpleaños, Daniela ha invitado a sus amigos a merendar. En la pizzería han ocupado 2 mesas con 12 niños cada una y otra mesa con 6. ¿Cuántos niños en total han ido a merendar para celebrar el cumpleaños de Daniela?

9 Junto al río hay un carril para bicicletas de 430 m. Quieren ampliar su longitud al doble. ¿Cuántos metros tendrá el carril?

10 Amanda tiene que enviar 540 fotos. Ya ha enviado 9 correos con 38 fotos cada uno. ¿Cuántas fotos le quedan todavía por mandar?

Cálculo mental

Multiplica un número de dos o de tres cifras por 10, 100 y 1.000

24 × 10 = 240	84 × 100 = 8.400	257 × 1.000 = 257.000

28 × 10	184 × 10	29 × 100	365 × 100	37 × 1.000	273 × 1.000
58 × 10	491 × 10	42 × 100	578 × 100	46 × 1.000	784 × 1.000

Multiplica decenas y centenas por decenas

40 × 30 = 1.200

30 × 70
80 × 40
60 × 90

200 × 70 = 14.000

400 × 30
700 × 40
900 × 50

Un número, varias multiplicaciones

Escribe cuatro multiplicaciones cuyo producto sea 24.000 y uno de sus factores sea 10, 100, 1.000 o una decena.

Pequeños problemas

Calcula mentalmente

1. En un camión caben 375 cajas de tomates. ¿Cuántas cajas pueden transportar 10 camiones iguales?
2. Julia tiene 4 puzles de 1.000 piezas cada uno. Se le han caído todas las piezas al suelo. ¿Cuántas piezas tiene que recoger Julia del suelo?

¿Qué sabes ya?

Repartos en partes iguales

Reparte en partes iguales 7 galletas en 3 bandejas.

1.º Pon un pastel en cada bandeja.

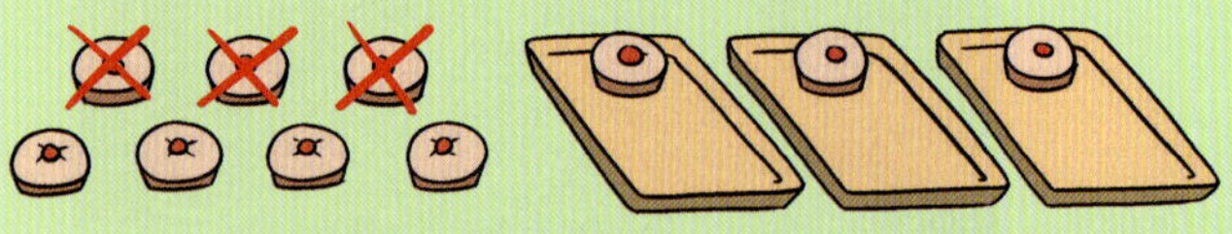

2.º Pon otro pastel en cada bandeja.

En cada bandeja hay 2 pasteles y sobra 1 pastel.

1 Dibuja en tu cuaderno y contesta.

Reparte en partes iguales 6 fresas en 2 platos.
¿Cuántas fresas hay en cada plato?
¿Sobra alguna fresa?

6 División

Tiempo para hablar

- Ricardo, el encargado del comedor, repartió 30 vasos a partes iguales entre 6 mesas. ¿Cuántos vasos puso en cada mesa?
- Después, colocó 8 piezas de fruta en cada uno de los 10 fruteros. ¿Cuántas piezas de fruta colocó en total?
- Explica cómo has calculado los vasos y piezas de fruta que puso Ricardo.

SABER HACER

Planificar repartos.

Repartos y división

Alicia reparte en partes iguales 11 flores en 2 jarrones.

¿Cuántas flores ha puesto en cada jarrón?
¿Y cuántas flores le han sobrado?

Ha puesto 5 flores en cada jarrón y le ha sobrado 1 flor.

Hacer un reparto en partes iguales es calcular una **división**.

Repartir en partes iguales 11 flores en 2 jarrones es hacer la división 11 : 2.

Fíjate en qué indica cada término y cómo se llama.

reparte 11 flores ▶	11	2	◀ en 2 jarrones
le sobra 1 flor ▶	1	5	◀ hay 5 flores en cada jarrón

Dividendo	11	2	divisor
resto	1	5	cociente

Una división es un reparto en partes iguales.
Los términos de la división son: dividendo, divisor, cociente y resto.

1 **Observa el reparto en partes iguales y completa en tu cuaderno.**

Reparte … pinturas.
En … botes.
Hay … pinturas en cada bote.
Sobran … pinturas.

- ▶ Dividendo: …
- ▶ divisor: …
- ▶ cociente: …
- ▶ resto: …

2 **Dibuja y resuelve cada reparto en partes iguales.**
Después, exprésalo con una división.

- Reparte 7 canicas en 2 cajas.
- Reparte 9 canicas en 3 cajas.
- Reparte 12 canicas en 4 cajas.
- Reparte 14 canicas en 5 cajas.

EJEMPLO Reparte 8 canicas en 4 cajas.

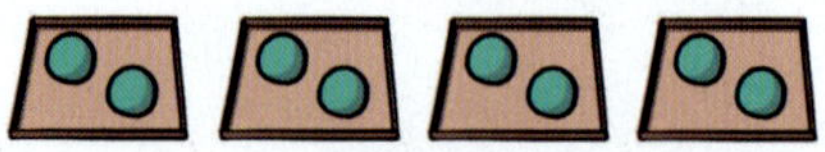

Hay 2 canicas en cada caja y no sobra ninguna canica.

8	4
0	2

Dani reparte 16 caramelos en 2 bolsas.

Pone 8 caramelos en cada bolsa
y no le sobra ningún caramelo.

Dividendo ▶ 16 |2 ◀ divisor
resto ▶ 0 8 ◀ cociente

El resto es 0.

La división es **exacta**.

Eva reparte 16 caramelos en 3 bolsas.

Pone 5 caramelos en cada bolsa
y le sobra 1 caramelo.

Dividendo ▶ 16 |3 ◀ divisor
resto ▶ 1 5 ◀ cociente

El resto es distinto de 0.

La división es **entera**.

- Una división es exacta si su resto es 0.
- Una división es entera si su resto es distinto de 0.

1 Escribe en tu cuaderno los términos de cada división, y di si es exacta o entera.

24 |4 0 6	36 |5 1 7	48 |8 0 6
25 |7 4 3	37 |8 5 4	45 |9 0 5
56 |6 2 9	61 |7 5 8	75 |8 3 9

EJEMPLO

24 |4
0 6

Dividendo ▶ 24 cociente ▶ …
divisor ▶ … resto ▶ …

La división es …

2 Imagina el reparto y resuelve.

- Eva quiere cambiar 12 monedas de 1 € en monedas de 2 €. Para calcular cuántas le darán, reparte las 12 monedas en grupos de 2 monedas.
  ¿Cuántas monedas de 2 € le darán?
  ¿Le sobrarán monedas de 1 €?
- Julio quiere cambiar 15 monedas de 1 € en monedas de 2 €.
  ¿Cuántas monedas de 2 € le darán?
  ¿Cuántas monedas de 1 € le sobrarán?

Cálculo de divisiones

Carmen quiere repartir en partes iguales 7 salchichas en 3 platos.
¿Cuántas salchichas pondrá en cada plato?
¿Cuántas salchichas le sobrarán?

Divide 7 entre 3

1.º Halla el cociente.
Es el número que, multiplicado por 3, da 7 o da el número menor que 7 más cercano a 7.

$3 \times 1 = 3$ ▶ $3 < 7$
$3 \times 2 = 6$ ▶ $6 < 7$
$3 \times 3 = 9$ ▶ $9 > 7$

El cociente es 2.

2.º Multiplica el divisor por el cociente:
$3 \times 2 = 6$
y coloca el resultado bajo el dividendo.

7	3
6	2

3.º Halla el resto.
Haz la resta $7 - 6$.

7	3
− 6	2
1	

El resto es 1.

Pondrá 2 salchichas en cada plato y le sobrará 1 salchicha.

1 **Observa la división y contesta.**

- ¿Qué división se ha calculado? ¿Cuál es el dividendo? ¿Y el divisor?
- ¿Cuál es el cociente? ¿Cómo se ha averiguado?
- ¿Cuál es el resto? ¿Cómo se ha hallado?

2 **Calcula en tu cuaderno y escribe si la división es exacta o entera.**

RECUERDA

- División exacta ▶ Su resto es 0.
- División entera ▶ Su resto es distinto de 0.

EJEMPLO

29	4
− 28	7
01	

Es una división …

29 | 4	34 | 5	48 | 6
45 : 7	40 : 8	74 : 9
23 | 3	19 | 2	38 | 4
15 : 5	78 : 8	54 : 6

Problemas

3 Resuelve.

- Carlos reparte en partes iguales 46 bocadillos en 6 bolsas. ¿Cuántos bocadillos mete en cada bolsa? ¿Cuántos bocadillos le sobran?
- Eva reparte en partes iguales 52 cartas entre 6 jugadores. ¿Cuántas cartas dará a cada uno? ¿Sobrará alguna carta?
- Román coloca 65 botes de conserva en 9 estantes de un armario. Pone en todos los estantes el mismo número de botes. ¿Cuántos botes pone en cada estante? ¿Cuántos botes sobran?

4 Observa los dos problemas resueltos. Después, lee y calcula.

Javier coloca 8 fotos en el álbum. Utiliza 2 hojas y pone el mismo número de fotos en cada una. ¿Cuántas fotos pone en cada hoja?

8	2
− 8	4
0	

En cada hoja pone 4 fotos.

Javier coloca 8 fotos en el álbum. Pone 4 fotos en cada hoja. ¿Cuántas hojas utiliza?

8	4
− 8	2
0	

Utiliza 2 hojas.

- Elia reparte 24 libros de lectura. Deja 6 libros en cada mesa. ¿Entre cuántas mesas ha repartido los libros?
- Elia reparte 24 libros de lectura entre 4 mesas. Deja el mismo número de libros en cada mesa. ¿Cuántos libros deja en cada mesa?

Inventad un problema.

Estos números son el dividendo, el divisor, el cociente y el resto de una división. Identificadlos y, después, inventad un problema que se resuelva mediante esa división.

3   4   6   27

¿Qué significa el cociente de la división en vuestro problema? ¿Y el resto?

Prueba de la división

Luisa reparte en partes iguales
14 balones en 4 cajones.

14 | 4
− 12 | 3
02

En cada cajón pone 3 balones y sobran 2 balones.

Para comprobar que la división está bien hecha, Luisa hace dos cosas:

- Primero, mira cuántos balones sobran (2) y cuántos cajones hay (4).

  2 < 4   Bien, porque no puede meter otro balón en cada cajón.

- Después, cuenta todos los balones: deben ser 14.

  Balones en cajas ▶ 4 × 3 = 12. Total de balones ▶ 12 + 2 = 14. Correcto.

Fíjate en que Luisa ha comprobado que se cumplen estas dos relaciones:

resto < divisor — 2 < 4

divisor × cociente + resto = Dividendo — 4 × 3 + 2 → 12 + 2 = 14

Si una división está bien hecha, se cumplen estas dos relaciones:

- resto < divisor
- divisor × cociente + resto = Dividendo

1 Contesta las preguntas y explica si estas divisiones están bien o mal hechas.

38 | 7
− 28 | 4
10

- ¿Se cumple que resto < divisor?

  La división está … hecha.

60 | 8
− 56 | 7
06

- ¿Se cumple que resto < divisor?
- ¿Se cumple que divisor × cociente + resto = Dividendo?

  La división está … hecha.

75 | 9
− 72 | 8
03

- ¿Se cumple que resto < divisor?
- ¿Se cumple que divisor × cociente + resto = Dividendo?

  La división está … hecha.

Calcula en tu cuaderno las divisiones que están mal hechas y haz la prueba.

2 **Comprueba si estas divisiones están bien hechas. Después, calcula en tu cuaderno las que estén mal.**

PRESTA ATENCIÓN

Las divisiones exactas están bien hechas si se cumple que:

divisor × cociente = Dividendo

Dividendo	Divisor	Cociente	Resto
21	3	7	00
34	4	9	00
35	5	6	00
48	6	8	00

3 **Calcula y haz la prueba. Ten en cuenta si la división es exacta o entera.**

- 13 : 2
- 18 : 3
- 36 : 4
- 42 : 5
- 36 : 6
- 38 : 6
- 50 : 7
- 64 : 8
- 65 : 9
- 38 : 8

Problemas

4 **Resuelve. Después, comprueba que has hecho bien las divisiones.**

- Sara tiene que repartir 35 croquetas entre ella y sus 4 hermanos. ¿Cuántas croquetas le corresponden a cada uno? ¿Sobrará alguna croqueta?
- Alejandro quiere hacer 6 ramos de claveles iguales. Tiene 58 claveles. ¿Cuántos claveles tendrá cada ramo? ¿Cuántos claveles le sobrarán?
- Paula quiere comprar 24 batidos. Solo se venden en paquetes de 3 batidos. ¿Cuántos paquetes comprará?
- Nacho guardó 35 vasos en cajas. En cada caja cabían 8 vasos. ¿Cuántas cajas llenó? ¿Cuántos vasos le sobraron?

Observad las divisiones y contestad.

- ¿Qué término es el mismo en estas divisiones?
- ¿Qué división tiene el divisor mayor? ¿Y menor?
- ¿Qué división creéis que tendrá el cociente mayor? ¿Y menor? Calculad las divisiones y comprobad la respuesta.

PENSAMIENTO

Mitad, tercio y cuarto

Raúl, Inés y Paco tienen cada uno 12 cromos para colocar en su álbum. ¿Cuántos cromos ha colocado ya cada uno?

Raúl ha colocado la mitad de los cromos.

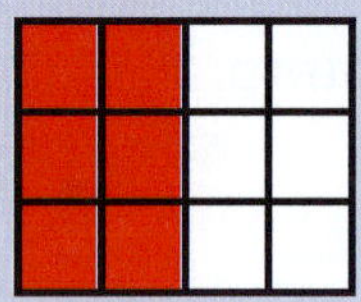

12 : 2 = 6

La mitad de 12 es 6.

Ha colocado 6 cromos.

Inés ha colocado un tercio de los cromos.

12 : 3 = 4

Un tercio de 12 es 4.

Ha colocado 4 cromos.

Paco ha colocado un cuarto de los cromos.

12 : 4 = 3

Un cuarto de 12 es 3.

Ha colocado 3 cromos.

- **Para calcular la mitad de un número, se divide el número entre 2.**
- **Para calcular un tercio de un número, se divide el número entre 3.**
- **Para calcular un cuarto de un número, se divide el número entre 4.**

1 Calcula. Después, completa y colorea en tu cuaderno.

- En la caja hay 10 botones. La mitad son rojos. ¿Cuántos botones rojos hay?
  10 : … = …
  La mitad de 10 es …
  Hay … botones rojos.

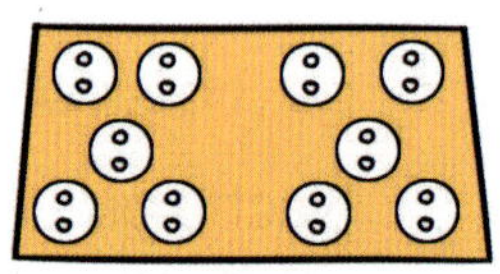

- En la caja hay 9 botones. Un tercio son verdes. ¿Cuántos botones verdes hay?
  … : … = …
  Un tercio de 9 es …
  Hay … botones verdes.

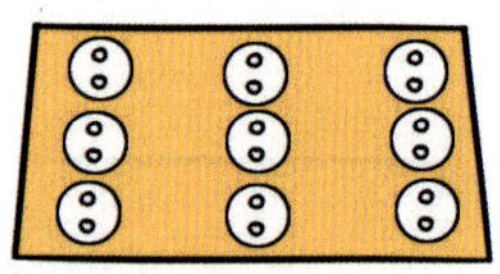

- En la caja hay 8 botones. Un cuarto son morados. ¿Cuántos botones morados hay?
  … : … = …
  Un cuarto de 8 es …
  Hay … botones morados.

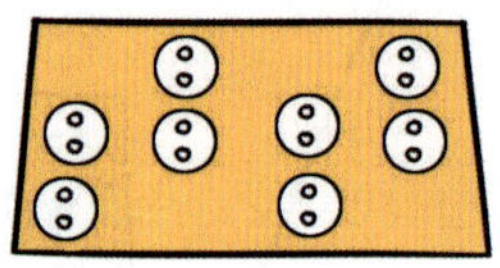

2 Calcula en tu cuaderno y completa para cada división.

14 |2   18 |2

La mitad de … es …

15 |3   27 |3

Un tercio de … es …

16 |4   32 |4

Un cuarto de … es …

3 **Calcula y completa.**

- La mitad de 8.
- La mitad de 16.
- La mitad de 20.
- Un tercio de 6.
- Un tercio de 21.
- Un tercio de 30.
- Un cuarto de 20.
- Un cuarto de 28.
- Un cuarto de 40.

4 **Observa y completa en tu cuaderno. Después, calcula.**

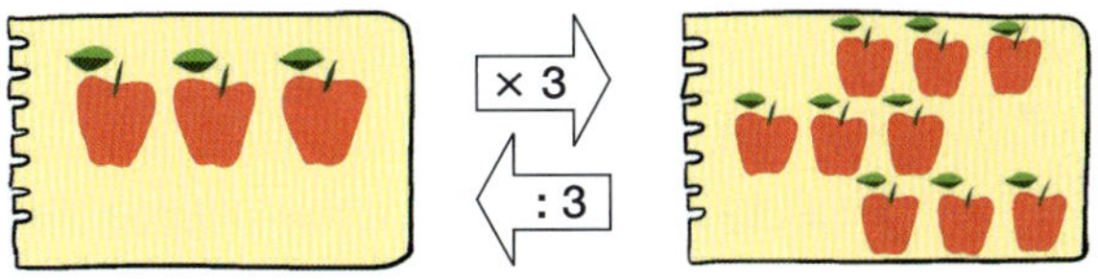

El triple de 3 es … Un tercio de 9 es …

- El doble de 4 es … ▸ La mitad de 8 es …
- El doble de 6 es … ▸ La mitad de 12 es …
- El triple de 4 es … ▸ Un tercio de 12 es …

Problemas

5 **Lee y resuelve.**

Santiago ha preparado 18 flanes.

- La mitad de los flanes son de vainilla. ¿Cuántos flanes de vainilla ha preparado?
- Un tercio de los flanes son de nata. ¿Cuántos flanes de nata ha preparado?

A Lorena le ha gustado mucho este collar y ha hecho otro con 24 bolitas.

- Un tercio de las bolitas son rojas. ¿Cuántas bolitas rojas tiene el collar?
- Un cuarto de las bolitas son verdes. ¿Cuántas bolitas verdes tiene el collar?
- El resto de las bolitas son blancas. ¿Cuántas bolitas blancas tiene el collar?

CREATIVIDAD

Lee y dibuja en tu cuaderno. Después, contesta.

Copia seis veces en tu cuaderno esta figura. Colorea de rojo la mitad en cada una de ellas, haciéndolo cada vez de una forma distinta.

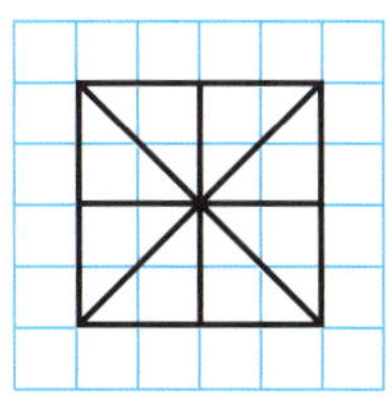

▸ ¿Cuántos triángulos has pintado cada vez? ¿Por qué?

COMPRUEBO MI PROGRESO

1 TIEMPO PARA HABLAR. **Observa el dibujo y expresa el reparto con una división. Después, contesta.**

- ¿Cómo se llaman los términos de la división?
- ¿Cuál es el dividendo? ¿Y el divisor? ¿Qué indica cada uno?
- ¿Cuál es el cociente? ¿Y el resto? ¿Qué indica cada uno?

2 **Calcula cuántas fichas hay en cada montón y cuántas sobran.**

- Reparte 14 fichas azules en 3 montones iguales.
- Reparte 23 fichas rojas en 5 montones iguales.
- Reparte 47 fichas verdes en 9 montones iguales.

Haz un dibujo de cada reparto y comprueba tus resultados.

3 **Completa las definiciones y escribe dos ejemplos de cada una.**

- Una división es exacta si …
- Una división es entera si …

4 **Calcula y haz la prueba.**

- 8 : 2
- 18 : 4
- 24 : 6
- 45 : 8
- 9 : 3
- 20 : 5
- 30 : 7
- 54 : 9

– ¿Cuáles son divisiones exactas?
– ¿Cuáles son divisiones enteras?

5 **Piensa y contesta.**

- Si repartes en partes iguales un montón de caramelos en 3 bolsas:
  – ¿Pueden sobrarte 4 caramelos? ¿Y 3 caramelos? ¿Por qué?
  – ¿Cuántos caramelos te pueden sobrar como máximo?
- En una división:
  – ¿Puede ser el resto mayor que el divisor? ¿Y mayor que el cociente?
  – ¿Puede ser el dividendo menor que el divisor? ¿Pueden ser iguales?

6 **Escribe, con cada grupo de tres números, dos multiplicaciones y dos divisiones exactas.**

7 **Escribe una división que cumpla cada condición y calcúlala.**

- El dividendo es 19.
- El divisor es 6.
- El divisor es 8 y la división es entera.
- El cociente es 5 y la división es exacta.

8 **Calcula.**

- La mitad de 6, de 10, de 14 y de 18.
- Un tercio de 6, de 18, de 21 y de 24.
- Un cuarto de 8, de 20, de 28 y de 36.

9 **Completa las series en tu cuaderno.**

16 —:2→ 8 —:2→ ☐ —:2→ ☐ —:2→ ☐

27 —:3→ ☐ —:3→ ☐ —:3→ ☐

¿Qué has calculado en cada serie?

Problemas

10 Resuelve.

- Sonia y Daniel pegan cada uno 15 fotos en un cuaderno, poniendo en cada página el mismo número de fotos.
  - Sonia pega 3 fotos en cada página. ¿Cuántas páginas utilizará?
  - Daniel utiliza 3 páginas. ¿Cuántas fotos pegará en cada página?
- Laura tiene una docena de huevos. Hace tortillas de 6 huevos cada una. ¿Cuántas tortillas hace? ¿Le sobra algún huevo?
  ¿Cuántas tortillas puede hacer si utiliza 4 huevos para cada una?

11 Observa y calcula.

- Marta ha comprado un paquete de yogures y se ha comido la mitad. ¿Cuántos yogures le quedan?
- Iván ha comprado un paquete de zumos y ya se ha bebido un tercio de los zumos. ¿Cuántos le quedan?
- Susana quiere comprar 12 yogures y 12 zumos. ¿Cuántos paquetes de cada tipo comprará?

12 Observa el precio de cada bolsa y resuelve.

- Miguel necesita 24 bolitas de corcho y 48 palitos de colores. ¿Cuántas bolsas de bolitas de corcho y cuántas de palitos comprará? ¿Cuánto le costará la compra?
- Patricia necesita 18 estrellas de plástico. ¿Cuántas bolsas de estrellas comprará? ¿Cuántas estrellas le sobrarán?

¿CÓMO LO HE HECHO? **Responde en tu cuaderno.**

- ¿Calculo divisiones con divisor de una cifra?
- ¿Sé hacer la prueba de una división?
- ¿Sé calcular la mitad, un tercio y un cuarto de un número?

Pon nota a tu trabajo en esta unidad.

Planificar repartos

La empresa en la que trabaja Ricardo, el monitor del comedor, se dedica a preparar comidas para colegios, meriendas para fiestas de cumpleaños, cenas para empresas…

Quieren hacer una campaña publicitaria y van a repartir folletos y a enviarlos por correo a distintos lugares.

1 Lee y resuelve.

- En la empresa han preparado 18 carteles de sus menús para colegios. Repartirán la mitad de los carteles en los colegios de su ciudad, y un tercio, en los colegios de las ciudades próximas.
  - ¿Cuántos carteles repartirán en los colegios de la ciudad?
  - ¿Cuántos repartirán en los colegios de las ciudades próximas?
  - El resto de carteles los enviarán por correo. ¿Cuántos carteles enviarán por correo?

2 Resolved.

- Esta mañana van a enviar folletos con ofertas para cumpleaños. Quieren mandarlos en partes iguales a 8 colegios, de forma que todos reciban el mismo número. Tienen 75 folletos.
  - ¿Cuántos folletos enviarán a cada colegio? ¿Les sobrará algún folleto?
  - ¿Cuántos folletos más necesitarían para poder enviar un folleto más a todos los colegios?
- Quieren enviar 20 folletos con ofertas para cenas de empresa.

  La mitad los enviarán por mensajero, y de esos envíos, la mitad será a pequeñas empresas. ¿Cuántos envíos harán a pequeñas empresas?

Juega con los repartos

Material: Monedas del material de aula. Papel y lápiz.

Número de participantes: 5

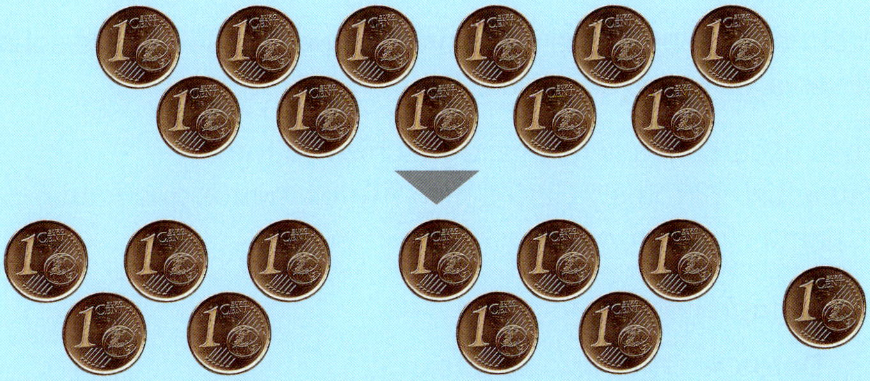

Reglas del juego:

Cada participante, por turnos, deberá representar, usando las monedas, una división o reparto.

El resto de miembros del grupo deberá determinar qué reparto ha hecho y escribirlo mediante una división en un papel, haciendo la prueba de la división y determinando si el reparto está bien hecho.

Obtienen 1 punto el que realiza la representación del reparto, si está bien hecha, y cada compañero o compañera que ha identificado la división.

Vence el jugador o jugadora que primero consiga 6 puntos.

1. Escribid la división que se ha hecho arriba, en la explicación del juego, y comprobad si está bien realizada.
2. Representad, con materiales o con dibujos, las divisiones 39 : 7 y 39 : 5. ¿Qué observáis?

Retos matemáticos

El precio del frasco

Un frasco de perfume vale 10 €. Si el perfume cuesta 8 € más que el frasco, ¿cuánto cuesta el frasco?

Multiplicando

¿Qué dos números hay que multiplicar para que su producto sea 47?

Solución de problemas

Averiguar el dato que sobra e inventar una pregunta

Pablo lee este problema y comprueba que, al resolverlo, le sobra un dato.
Observa los pasos que sigue.

En la excursión a la granja, Sonia hizo 35 fotos,
Paula hizo 23 fotos y Carlos hizo 9 fotos menos que Paula.
¿Cuántas fotos hizo Carlos?

1.º Comprende.

Datos ▶ Sonia hizo 35 fotos.
Paula hizo 23 fotos y Carlos 9 fotos menos.

Pregunta ▶ ¿Cuántas fotos hizo Carlos?

2.º Piensa en qué hay que hacer.

Como Carlos hizo 9 fotos menos que Paula,
hay que restar 9 a las 23 fotos que hizo Paula.

Dato que sobra: Sonia hizo 35 fotos.

3.º Calcula.

23 − 9 = 14 **Solución:** Carlos hizo 14 fotos.

4.º Comprueba. Revisa bien todo lo que has hecho.

Ahora Pablo inventa una pregunta utilizando el dato que sobra.

Pregunta ▶ ¿Cuántas fotos hizo Sonia más que Carlos?

Resuelve este nuevo problema en tu cuaderno.

Resuelve cada problema y averigua el dato que sobra.
Después, inventa una pregunta que se resuelva utilizando ese dato.

1. Sandra compró 5 kg de ciruelas rojas, 8 kg de ciruelas amarillas y 6 kg de fresas. ¿Cuántos kilos de ciruelas compró Sandra?

2. Miguel tenía 80 €. Gastó 4 € en un gorro, 12 € en unos guantes y 17 € en una bufanda. ¿Cuánto gastó Miguel en sus compras?

3. Toni ha recibido en su tienda 6 cajas de batidos de chocolate y 5 cajas de batidos de vainilla. Cada caja tiene 8 batidos. ¿Cuántos batidos de chocolate ha recibido?

REPASO ACUMULATIVO

1 Descompón cada número y escribe cómo se lee.

- 5.634
- 6.970
- 8.502
- 24.091
- 47.308
- 90.240

2 Escribe el número anterior y el posterior a cada uno.

- 6.583
- 7.200
- 8.999
- 38.096
- 51.000
- 76.499

3 Compara y escribe el signo > o <.

- 8.602 y 8.593
- 9.275 y 12.438
- 47.164 y 40.372

4 Coloca los números y calcula.

- 76.459 + 59.782
- 24.851 + 6.937 + 5.609
- 85.173 − 62.495
- 30.628 − 7.541

5 Calcula.

- 12 × 3 × 8
- 4 × 25 × 7
- 34 × 3 × 4
- 75 × 2 × 9

6 Multiplica.

- 56 × 23
- 97 × 13
- 295 × 41
- 438 × 24
- 3.407 × 56
- 5.761 × 32
- 7.682 × 75
- 8.094 × 46

7 Averigua los números que faltan y completa cada operación.

5 3 9	8 5 ■	■ 3 5
+ ■ 7 4	− 3 2 9	× 2
8 ■ 3	■ 2 3	4 ■ 0

8 Estima cada operación.

- 783 + 415
- 6.428 + 3.790
- 92 − 63
- 861 − 594
- 47 × 8
- 328 × 5

Problemas

9 En la nevera hay 32 yogures naturales y el triple de yogures de sabores. ¿Cuántos yogures hay en total?

10 En una papelería hay 6 paquetes de 38 cuadernos cada uno. ¿Cuántos cuadernos hay en total?

11 César tiene estas monedas. ¿Cuántos céntimos son?

12 En la frutería tenían 12 kilos de manzanas y han recibido 5 cajas de 18 kilos cada una. ¿Cuántos kilos tienen ahora?

13 Un tren tiene dos vagones. En el primer vagón viajan 28 personas, y en el segundo, 5 personas menos. ¿Cuántas personas viajan en el tren?

Gráficos de barras de dos características

Pedro ha representado en un gráfico el número de llamadas telefónicas que ha atendido en los últimos días. Observa cómo se interpreta el gráfico de barras.

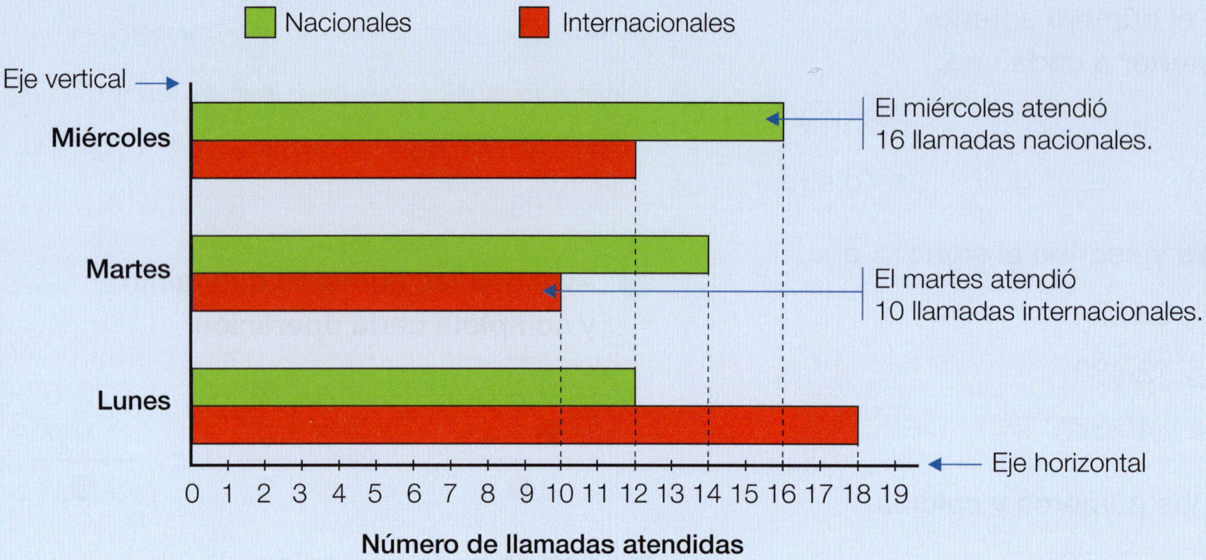

1 **Observa el gráfico de arriba y contesta.**

- ¿Cuántas llamadas de cada tipo atendió el lunes?
- ¿Qué día atendió más llamadas nacionales? ¿Y menos internacionales?
- ¿Qué tipo de llamadas atendió más el miércoles?

2 **En un gimnasio han anotado las personas que hacen dos actividades. Copia y completa el gráfico en tu cuaderno con los datos de la tabla.**

	Pesas	Bicicleta
Jóvenes	30	21
Adultos	15	36
Mayores	27	30

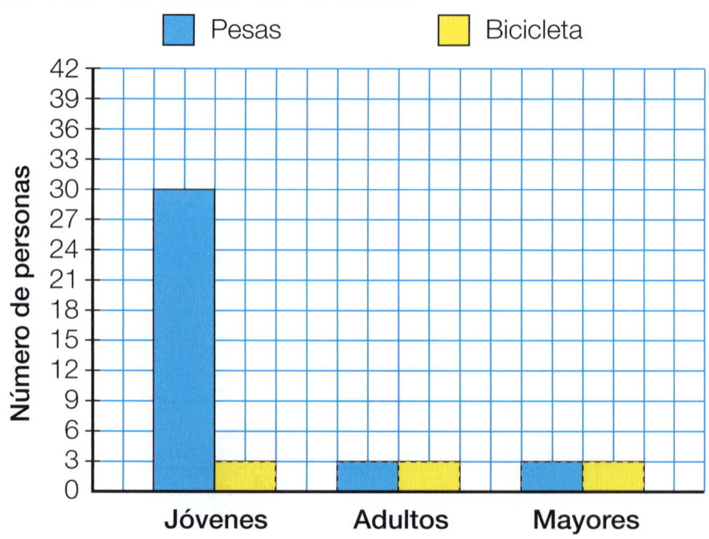

3 Vamos a trabajar los gráficos de barras con una votación en clase. Anota y recuenta los compañeros y compañeras que prefieren cada tipo de cuentos.

	Chicos	Chicas
Misterio		
Miedo		
Fantasía		

4 Copia y completa el gráfico en tu cuaderno con los resultados de la votación.

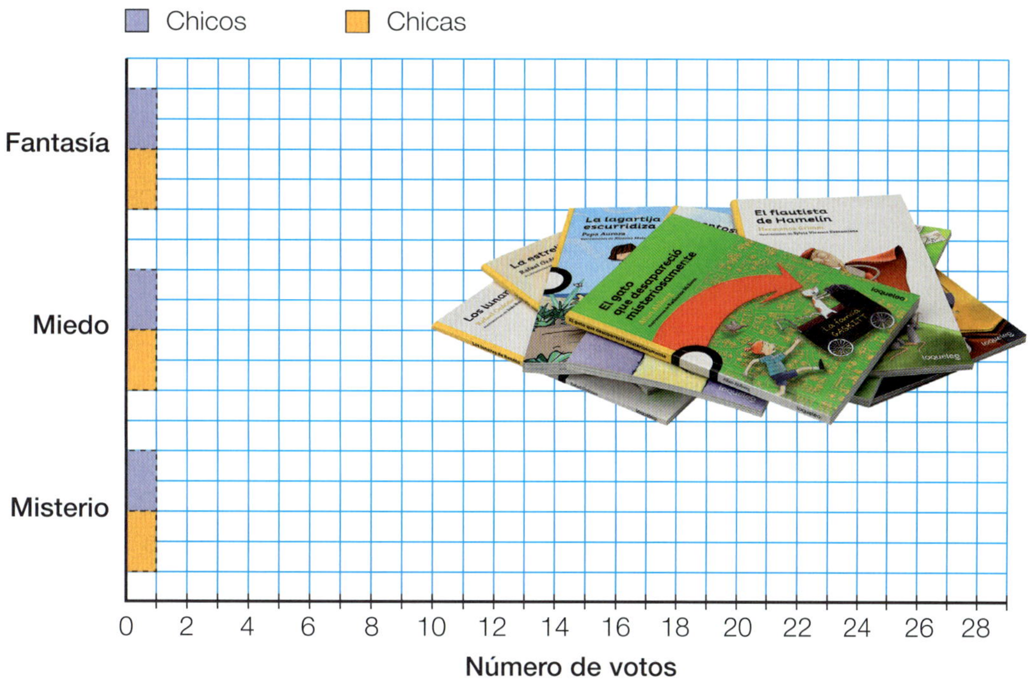

5 Observa el gráfico que has construido y contesta.

- ¿Cuántos chicos prefieren los cuentos de misterio?
- ¿Cuántas chicas prefieren los cuentos de miedo?
- ¿A quiénes les gustan más los cuentos de fantasía: a los chicos o a las chicas?
- ¿A quiénes les gustan menos los cuentos de misterio?
- ¿Qué tipo de cuentos es el preferido por los chicos?
- ¿Qué tipo de cuentos le gusta menos a las chicas?
- ¿Qué tipo de cuentos es el preferido?

Cálculo mental

Halla el doble de un número de dos cifras sin llevar decenas

31 × 2 = 62

12 × 2	30 × 2
14 × 2	33 × 2
21 × 2	40 × 2

53 × 2 = 106

51 × 2	70 × 2
54 × 2	83 × 2
62 × 2	94 × 2

Halla el doble de un número de dos cifras terminado en 5

35 × 2 = 70

3 × 2 = 6
6 + 1 = 7

15 × 2	65 × 2
25 × 2	75 × 2
45 × 2	85 × 2
55 × 2	95 × 2

Pequeños problemas

Calcula mentalmente

1. Un collar tiene 62 perlas. ¿Cuántas perlas tienen 2 collares?
2. Luis ha obtenido 32 puntos. César tiene el doble de puntos que Luis. ¿Cuántos puntos tiene César?
3. Para la visita al museo, Alicia ha comprado 35 entradas. Si cada una vale 2 €, ¿cuánto se ha gastado?

Un número, una multiplicación

Escribe una multiplicación en la que uno de sus factores sea 2 y cuyo producto sea:

- 18
- 30

¿Qué sabes ya?

Los términos de la división

Los términos de la división son: dividendo, divisor, cociente y resto.

Dividendo ▸ 35 | 4 ◂ divisor
− 32 | 8 ◂ cociente
resto ▸ 03

Cálculo de divisiones

Divide 23 entre 5

1.º Halla el cociente. Para ello, busca el número que, multiplicado por 5, dé 23 o el número más próximo a 23 pero menor que 23.

23 | 5
4

2.º Multiplica el cociente por el divisor y resta el resultado al dividendo.

23 | 5
− 20 | 4
03

1 **Calcula las divisiones y escribe cómo se llaman sus términos.**

- 15 : 2
- 18 : 3
- 23 : 4
- 79 : 8
- 45 : 5
- 50 : 6
- 53 : 7
- 80 : 9
- 32 : 8
- 25 : 7
- 29 : 9
- 37 : 5

7 Práctica de la división

Tiempo para hablar

- En el torneo de ajedrez se han apuntado 18 personas. ¿Cuántas parejas se formarán?
- En el torneo de parchís se han apuntado 27 personas. En cada grupo juegan 4. ¿Cuántos grupos se formarán? ¿Cuántas personas faltan para formar otro grupo?
- Explica cómo has calculado cuántas personas más tienen que apuntarse a parchís para completar otro grupo.

SABER HACER

Organizar actividades.

Divisiones con divisor de una cifra

Primera cifra del dividendo mayor o igual que el divisor

Manuel reparte 54 botes de mermelada
en partes iguales entre las 3 estanterías.
¿Cuántos botes de mermelada pondrá en cada una?

Divide 54 entre 3

1.º Como 5 es mayor que 3, divide 5 entre 3.

```
 5 4 |3
−3     1
 2
```

2.º Baja la siguiente cifra del dividendo: el 4.

```
 5 4 |3
−3     1
 2 4
```

3.º Divide 24 entre 3.

```
  5 4 |3
 −3    1 8
  2 4
 −2 4
  0 0
```

En cada estantería pondrá 18 botes.

1 Copia en tu cuaderno y calcula cada división.

EJEMPLO

```
  4 6 |4
 −4    1 1
  0 6
  −4
   2
```

2 Calcula las divisiones y escribe si es una división exacta o una división entera.

RECUERDA

- Una división es exacta si su resto es 0.
- Una división es entera si su resto es distinto de 0.

- 79 : 2
- 63 : 3
- 84 : 5
- 78 : 7
- 96 : 8
- 99 : 9

3 Escribe y calcula.

- Una división cuyo dividendo es 48 y cuyo divisor es 3.
- Una división entera cuyo divisor es 6.
- Una división exacta cuyo cociente es 7.

4 **Calcula las divisiones sin escribir las restas.**

HAZLO ASÍ

En la práctica no se escriben las restas al dividir.
Las restas se calculan mentalmente.

```
 4 7 |3          4 7 |3
–3     1 5       1 7  1 5
  1 7              2
–1 5
  0 2
```

- 67 : 2
- 68 : 6
- 59 : 4
- 73 : 5
- 75 : 3
- 87 : 7
- 64 : 4
- 89 : 8
- 99 : 8
- 97 : 4
- 70 : 5
- 94 : 8

5 **Calcula estas divisiones cuyo dividendo tiene más de dos cifras.**

PRESTA ATENCIÓN

Si el dividendo tiene más de dos cifras, la división se calcula de la misma forma.

```
5 3 7 |2
1 3    2 6 8
  1 7
    1
```

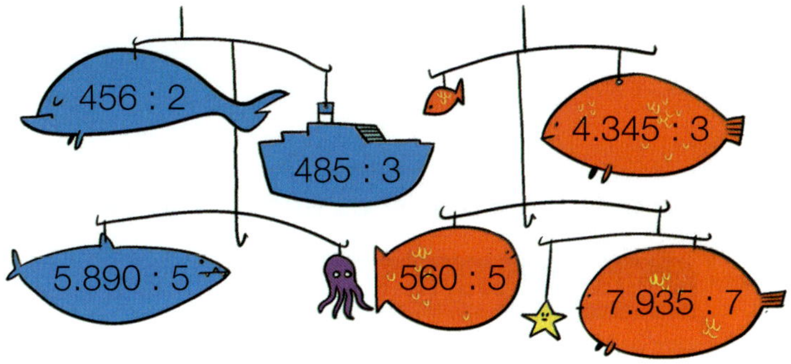

Problemas

6 **Lee y resuelve.**

- Javier reparte 655 € en partes iguales entre sus 5 nietos. ¿Cuánto dinero da a cada uno?
- Susana está haciendo un puzle de 450 piezas. Ya ha colocado la mitad. ¿Cuántas piezas ha colocado?
- Andrea tenía 980 €. Se gastó un cuarto del dinero en un televisor. ¿Cuánto le costó el televisor?

CREATIVIDAD

Inventad un problema que se resuelva con esta operación y que tenga esta solución.

Solución ▶ Sobran 5 €.

```
7 7 |6
1 7  1 2
0 5
```

Divisiones con divisor de una cifra

Primera cifra del dividendo menor que el divisor

Un grupo de 140 excursionistas ha acampado en tiendas de 4 personas cada una.
¿Cuántas tiendas han ocupado?

Divide 140 entre 4

1.° Como 1 es menor que 4, divide 14 entre 4.

```
1 4 0 |4
  2     3
```

2.° Baja el 0 del dividendo y divide 20 entre 4.

```
1 4 0 |4
  2 0   3 5
    0
```

Han ocupado 35 tiendas.

1 **Calcula y escribe si es una división exacta o una división entera.**

PRESTA ATENCIÓN

Fíjate bien en qué cifras debes elegir para empezar a dividir.

- 1.786 : 2
- 4.090 : 5
- 2.840 : 7
- 12.562 : 3
- 30.216 : 4
- 41.724 : 6

2 **Calcula cada división en tu cuaderno y haz la prueba.**

RECUERDA

Una división está bien hecha si se cumple:

- resto < divisor
- divisor × cociente + resto = Dividendo

- 123 : 2
- 1.253 : 4
- 14.360 : 6
- 246 : 3
- 3.269 : 5
- 43.379 : 7

3 **Calcula el cociente y el resto de cada división y completa en tu cuaderno.**

Dividendo ▶ 1.459	Dividendo ▶ 2.340	Dividendo ▶ 4.362
divisor ▶ 4	divisor ▶ 5	divisor ▶ 6
cociente ▶ …	cociente ▶ …	cociente ▶ …
resto ▶ …	resto ▶ …	resto ▶ …

Problemas

4 Observa y calcula.

- Pablo ha dejado en el supermercado 168 botes de gel. ¿Cuántos paquetes de 2 botes de gel ha dejado?
- Hoy han vendido 216 zumos. ¿Cuántos paquetes de zumo han vendido?
- Ayer en el supermercado estaban los jabones en oferta. Vendieron un total de 240 jabones. ¿Cuántos paquetes vendieron?

5 Resuelve.

- Eva ha recibido en su tienda un pedido de 186 jarritas. Las ha colocado en cajas con 3 jarritas cada una. ¿Cuántas cajas ha llenado?
- Mariano ha recogido en su huerto 983 kilos de manzanas. Ha repartido las manzanas en cajas con 5 kilos cada una. ¿Cuántas cajas ha usado? ¿Cuántos kilos le sobran?
- En un gimnasio hay apuntadas 120 personas. Para la clase de mantenimiento se han hecho grupos de 8. ¿Cuántos grupos se han formado?
- En un juego de ordenador, Carmela ha conseguido 380 puntos de naves azules y su amigo Carlos, 356 puntos. Cada nave azul vale 4 puntos. ¿Cuántas naves ha conseguido cada uno?

PENSAMIENTO

Pensad y contestad.

- ¿Cuántas divisiones distintas podéis calcular?
- Sin calcular, ¿cuál es la división con el cociente mayor?
- Sin calcular, ¿cuál es la división con el cociente menor?

Divisiones con ceros en el cociente

Cada día, un autobús hace 3 veces el recorrido de la ciudad *A* a la ciudad *B*. En total recorre 315 km. ¿Cuál es la distancia de la ciudad *A* a la ciudad *B*?

Divide 315 entre 3

1.º Como 3 es igual que 3, divide 3 entre 3.

```
3 1 5 |3
0       1
```

2.º Baja el 1 del dividendo y divide 1 entre 3. Como 1 es menor que 3, escribe 0 en el cociente.

```
3 1 5 |3
0 1     1 0
```

3.º Baja el 5 y divide 15 entre 3.

```
3 1 5 |3
0 1 5   1 0 5
    0
```

La distancia de la ciudad *A* a la ciudad *B* es de 105 kilómetros.

1 **Calcula estas divisiones en tu cuaderno.**

HAZLO ASÍ

Divide 215 entre 7

1.º Como 2 es menor que 7, divide 21 entre 7.

2.º Baja el 5 y divide 5 entre 7.
Como 5 es menor que 7, escribe 0 en el cociente.

```
1.º  2 1 5 |7          2.º  2 1 5 |7
       0     3                0 5   3 0
```

- 92 : 3
- 83 : 4
- 404 : 5
- 420 : 6
- 2.240 : 7
- 3.445 : 8

2 **Copia las divisiones, calcúlalas y rodea.**

- ◯ (rojo) Las divisiones exactas.
- ◯ (azul) Las divisiones enteras.

- 81 : 2
- 42 : 4
- 63 : 6
- 614 : 3
- 810 : 2
- 816 : 4
- 4.384 : 6
- 7.245 : 7
- 8.167 : 9

3 **Escribe cada división. Después, calcúlalas y comprueba que no te has equivocado.**

RECUERDA

- El resto es menor que el divisor.
- El dividendo es igual al divisor por el cociente más el resto.

- Una división exacta con cociente 80.
- Una división exacta con cociente 904.
- Una división entera con cociente 670 y resto 2.
- Una división entera con cociente 1.020 y resto 7.

Problemas

4 **Lee y resuelve.**

- Las 8 máquinas envasadoras de la fábrica han llenado todas el mismo número de botellas. En total han sido 872 botellas. ¿Cuántas botellas ha llenado cada una de las máquinas?
- Marta tenía ahorrados 6.030 €. Ha usado la mitad del dinero para comprarse una moto. ¿Cuánto dinero le ha costado la moto?
- Un tercio de los 9.024 correos electrónicos recibidos por una empresa venían de otros países. ¿Cuántos correos ha recibido la empresa desde otros países?
- Juan tiene 364 rosas rojas y 424 claveles. Ha hecho ramos de 6 rosas o 6 claveles. ¿Cuántos ramos de rosas rojas ha obtenido? ¿Y ramos de claveles? ¿Cuántas flores le han sobrado?

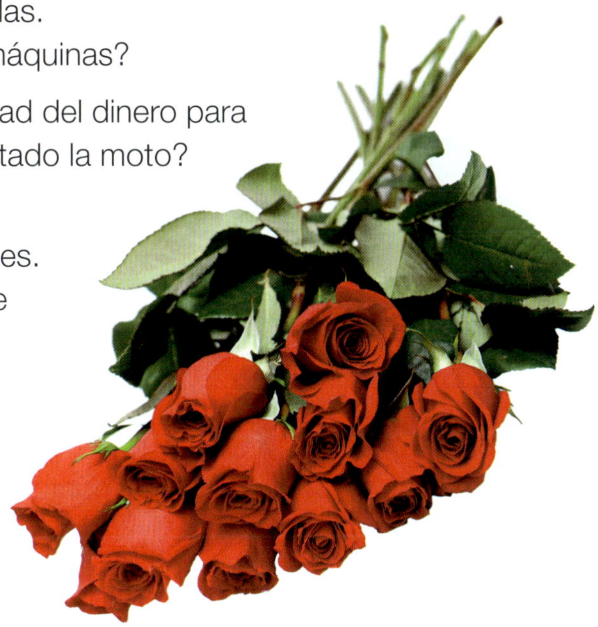

Pensad y contestad. Después, completad en vuestros cuadernos.

```
8 ■ | 2
0 ■   4 0
```

- ¿Qué cifras puede ser ■?

Completa la división para que sea:

- Exacta
- Entera

```
4 ■ 6 | 4
0 ■ 6   1 0 ■
    ■
```

- ¿Qué cifras puede ser ■?

Completa la división para que sea:

- Exacta
- Entera

PENSAMIENTO

Problemas de varias operaciones

Ester ha comprado una camiseta de 16 €
y 3 gorras iguales. Ha pagado en total 43 €.
¿Cuánto cuesta cada gorra?

1.º Calcula cuánto ha pagado por las 3 gorras. Resta 16 a 43.

$$\begin{array}{r} 43 \\ -\ 16 \\ \hline 27 \end{array}$$

Las 3 gorras cuestan 27 €.

2.º Calcula el precio de cada gorra. Divide 27 entre 3.

$$\begin{array}{r|l} 27 & 3 \\ \cline{2-2} 0 & 9 \end{array}$$

Cada gorra cuesta 9 €.

1 Lee y contesta.

Carlos compra 4 sobres con 10 cromos cada uno
y reparte los cromos en 5 montones iguales.
¿Cuántos cromos pone en cada montón?

- ¿Sabes cuántos cromos compró Carlos en total? ¿Cómo puedes calcularlo?
- ¿Sabes en cuántos montones iguales los ha repartido?
- ¿Puedes calcular ya cuántos cromos pone en cada montón? ¿Cómo?

2 Lee y haz un dibujo sobre el problema en tu cuaderno. Después, resuelve.

En una caja había 25 bombones. Montse se comió 1 y después
repartió los bombones que quedaban en 4 bandejas iguales.
¿Cuántos bombones puso en cada bandeja?

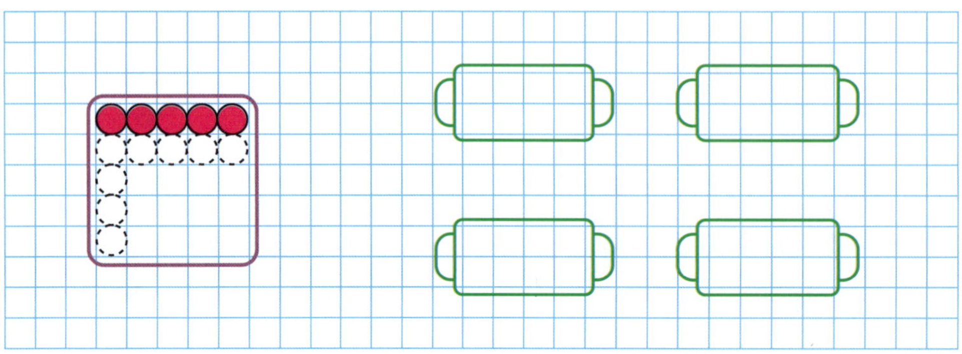

Problemas

3 **Lee y resuelve.**

- Enero tiene 31 días, febrero 28, marzo 31 y abril 30. Si voy a casa de mis abuelos cada 6 días, ¿cuántas veces iré en esos cuatro meses?
- En un puesto de bocadillos han preparado hoy 312 bocadillos por la mañana y 158 por la tarde. La mitad de los bocadillos tienen queso. ¿Cuántos bocadillos han preparado con queso? ¿Y sin queso?

4 **Observa y resuelve.**

Alicia y David han tirado 4 dardos cada uno a la diana.

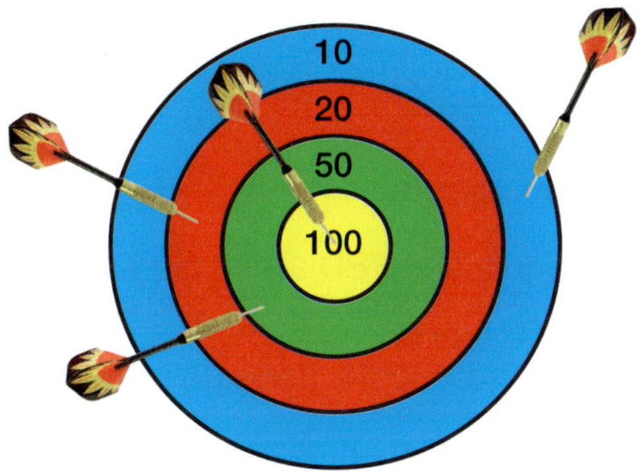

- Alicia ha sacado 110 puntos. Ha clavado 1 dardo en la zona verde y los otros 3 en otra zona. ¿En cuál?
- David ha sacado 140 puntos. Ha clavado 1 dardo en la zona roja, otros 2 dardos en la zona azul y el otro en otra zona. ¿En cuál?

Comprueba los resultados completando este esquema.

Alicia → 50 + … + … + … = 110

David → 20 + … + … + … = 140

5 **Lee, calcula y completa la tabla en tu cuaderno.**

Ana acaba de recibir el material que pidió, pero la nota está incompleta.

Cantidad	Material	Precio de cada uno	Precio de todos
7	Cintas	… €	63 €
8	Aros	… €	88 €
9	Pelotas	… €	… €

Total a pagar: 241 €

COMPRUEBO MI PROGRESO

1 TIEMPO PARA HABLAR. **Explica cuándo una división es exacta y cuándo es entera.**

2 **Calcula cada división y escribe si es una división exacta o entera.**

- 43 : 2
- 184 : 4
- 1.425 : 3
- 69 : 3
- 309 : 6
- 5.289 : 8
- 81 : 5
- 918 : 7
- 7.542 : 9

3 **Copia y completa en tu cuaderno.**

Una división está bien hecha si se cumple:

- resto < …
- … × … + … = Dividendo

- Ahora, calcula y haz la prueba.

107 : 2

216 : 3

218 : 4

375 : 4

4 **Copia y completa la tabla.**

Dividendo	234	659		
Divisor	2	3	8	9
Cociente			16	23
Resto			0	5

5 **Completa las series.**

- Divide entre 2 cada vez: 10.944, …, hasta 684.
- Divide entre 5 cada vez: 45.625, …, hasta 365.
- Divide entre 4 cada vez: 37.888, …, hasta 37.

6 **Calcula las divisiones y rodea.**

- 62 : 3
- 2.816 : 7
- 202 : 5
- 1.260 : 6
- 425 : 4
- 2.448 : 8

(rojo) Las divisiones cuyo cociente acaba en cero.

(azul) Las divisiones cuyo cociente tiene un cero intermedio.

7 **Calcula.**

La mitad
- 98
- 634
- 2.890

Un tercio
- 87
- 702
- 4.131

Un cuarto
- 72
- 920
- 6.392

8 **Lee y calcula.**

- Alberto tiene 80 años. Su nieta Julia tiene un cuarto de su edad. ¿Cuántos años tiene Julia?
- Adrián tiene un montón de canicas. Ha hecho 5 grupos con 12 canicas cada uno y le han sobrado 3. ¿Cuántas canicas tiene Adrián?
- Rosana tiene un álbum de cromos. Ha completado 15 páginas con 8 cromos cada una, y todavía le quedan 18 cromos sin colocar. ¿Cuántos cromos tiene en total?
- Mario ha hecho un curso de jardinería de 72 horas. Cada día tenía 2 horas de clase. ¿Cuántos días duró el curso?

Problemas

9 Resuelve.

- Fabiana ha hecho un reportaje fotográfico de 120 fotos y otro de 74 fotos. Ha guardado las fotos en partes iguales en 2 CD. ¿Cuántas fotos ha guardado en cada uno?
- Leandro ha recogido en su campo 1.240 kilos de naranjas, y su amigo Jorge, 125 kilos menos que él. El total de naranjas las reparten en partes iguales en 5 remolques. ¿Cuántos kilos cargan en cada uno?
- En una cafetería tienen estos batidos:

  – Marcos pagó 11 € por varios batidos pequeños y 1 mediano. ¿Cuántos batidos pequeños compró?

  – Cuatro amigos han pedido 4 batidos grandes y 2 pequeños. Pagan todos lo mismo. ¿Cuánto paga cada uno?

10 Calcula las distancias y completa el esquema en tu cuaderno. Después, resuelve.

– La distancia de *A* a *C* es 120 km.

– La distancia de *A* a *B* es la mitad que la de *A* a *C*.

– La distancia de *A* a *E* es un tercio de la distancia de *A* a *C*.

– La distancia de *C* a *D* es un cuarto de la distancia de *A* a *C*.

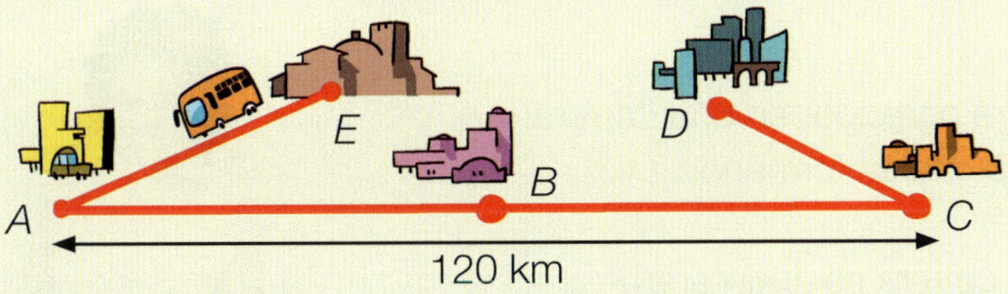

- Todos los días, un autobús sale de la ciudad *D* y va a la ciudad *A*. ¿Cuántos kilómetros recorre este autobús en una semana?

¿CÓMO LO HE HECHO? **Responde en tu cuaderno.**

- ¿Sé calcular divisiones con divisor de una cifra?
- ¿Calculo divisiones con ceros en el cociente?
- ¿Resuelvo problemas de dos o más operaciones?

Pon nota a tu trabajo en esta unidad.

Organizar actividades

En las fiestas del barrio se han organizado las siguientes carreras:

De pies juntos

De la sillita de la reina

De relevos

1 Observa el dibujo, lee y calcula.

- En una carrera de la sillita de la reina hay 21 participantes. ¿Cuántos equipos son?
- En una carrera de relevos se han apuntado 23 participantes. Cada equipo debe tener 4 participantes. ¿Cuántos equipos completos pueden formar? ¿Cuántos participantes más deben apuntarse para formar otro equipo?
- ¿Pueden participar en una carrera de pies juntos 16 participantes? ¿Y 17? ¿Por qué?
- Un grupo de 8 amigos quiere participar en una carrera. ¿En qué carreras pueden apuntarse formando grupos sin que sobre nadie? Y si son 9 amigos, ¿en qué carrera se apuntarán?

2 Contestad a las preguntas.

- Además de las carreras, en el barrio han organizado un torneo de baloncesto. Un grupo de 12 personas quiere apuntarse.
  - Si cada equipo es de 5 personas, ¿pueden jugar todos los miembros del grupo? ¿Cuántos no pueden jugar?
  - ¿Cuántas personas debería tener cada equipo para que nadie se quede sin jugar? ¿Existe más de una posibilidad? Escribid todas las que se os ocurran.

Juega con las divisiones

Material: Tarjetas numéricas del 0 al 9.
Una hoja de papel y un lápiz.

Número de participantes: 5

3	9	_	_	5		
	4	2		_	8	_
		_	7			
			_			

Reglas del juego:

Por turnos, cada participante, sin que los demás lo vean, extrae 5 tarjetas numéricas al azar y construye dos números, uno de cuatro cifras, que será el dividendo, y otro de una cifra, que será el divisor. Después, realiza la división de forma oculta en un papel.

Luego, a la vista de todos, reproduce esa división sobre la mesa utilizando las tarjetas numéricas y dejando huecos en las cifras para las que no haya tarjetas.

El resto del grupo, por turnos, deberá adivinar las cifras que no aparecen hasta completar la división.

Cada jugador o jugadora que acierte una de las cifras obtiene 1 punto.

Vence quien consiga primero 12 puntos.

1. Completad en vuestros cuadernos la división del recuadro de arriba y verificad que la habéis hecho bien realizando la prueba.

Retos matemáticos

Ángela, Rosa y Celia

Ángela habla más bajo que Rosa. Celia habla más alto que Rosa. ¿Quién habla más bajo, Ángela o Celia?

Los atletas

Tres atletas, *A*, *B* y *C*, realizan tres carreras y anotan el orden en que llegan a la meta.

- La mayoría de las veces *A* ha vencido a *B*.
- También la mayoría de las veces *B* ha vencido a *C*.
- Y en la mayor parte de las ocasiones, *C* ha ganado a *A*.

¿Cómo puede haber ocurrido esto?

Solución de problemas

Ordenar los datos de un problema

Vamos a leer detenidamente el problema y a escribirlo poniendo los datos en su lugar correspondiente. Después, revisamos el problema y lo resolvemos.

Marta quiere construir un puzle de 4 piezas en una semana. Los 500 primeros días ha colocado bastantes piezas, pero aún le faltan 200 por colocar.
¿Cuántas piezas ha colocado hasta ahora?

- Al leer el problema vemos que hay datos mal situados. Una semana no puede tener 500 días y el número de piezas del puzle debe ser mayor que el número de piezas que le faltan por colocar.

  El problema con los datos bien ordenados queda así:

  Marta quiere construir un puzle de 500 piezas en una semana. Los 4 primeros días ha colocado bastantes piezas, pero aún le faltan 200 por colocar.
  ¿Cuántas piezas ha colocado hasta ahora?

  Resuelve el problema en tu cuaderno.

Escribe cada problema colocando los datos en el lugar adecuado. Después, resuelve.

1. En vacaciones fuimos a una reserva natural e hice fotos a 1.800 elefantes y a un hipopótamo menos. Los elefantes pesan más que los hipopótamos. Cada elefante pesa 5 kg y cada hipopótamo pesa 5.000 kg. ¿Cuánto pesan los elefantes e hipopótamos en total?

2. Marta mide 8 cm, su hermana Paula 110 cm menos que Marta y su hermana Lola, la más pequeña, mide 145 cm. ¿Cuál es la diferencia de estatura entre la más alta de las hermanas y la más baja?

3. Ana entrena casi todos los días del año y corre cada día algo más de 6 km. Este año, de los 7 días, solo ha estado sin entrenar 365 días y cada día ha corrido 3 km. ¿Cuántos kilómetros ha corrido este año?

1 **Escribe el valor de la cifra 8 en cada número.**

- 281
- 3.897
- 48.920
- 378
- 8.502
- 90.846
- 802
- 7.984
- 80.543

2 **Escribe con cifras o con letras.**

- Veinte mil doscientos setenta y nueve.
- Cuarenta y tres mil ciento noventa y nueve.
- Sesenta y cinco mil ochocientos cinco.
- 4.580
- 7.026
- 9.508
- 18.076
- 35.309
- 80.089

3 **Calcula.**

- 4.234 + 3.643
- 2.064 − 1.876
- 21.675 + 4.762
- 30.321 − 9.485

4 **Multiplica.**

- 765 × 29
- 4.805 × 63
- 543 × 75
- 7.236 × 82

5 **Divide.**

- 24 : 4
- 48 : 6
- 56 : 8
- 35 : 5
- 49 : 7
- 81 : 9

6 **Copia y calcula.**

18 → Doble ▶ …
18 → Mitad ▶ …

24 → Triple ▶ …
24 → Tercio ▶ …

7 **Lee y calcula.**

- El doble de un número es 18. ¿Qué número es?
- El triple de un número es 24. ¿Qué número es?

Problemas

8 En un supermercado han recibido patatas en 3 contenedores con 25 bolsas cada uno. Cada bolsa contiene 5 kilos de patatas. ¿Cuántos kilos de patatas han recibido?

9 Ramiro da 8 vueltas a un circuito para bicicletas y el contador de su bicicleta marca 4.200 metros. ¿Cuál es la longitud del circuito?

10 Para cubrir el suelo de una habitación, Zaira compra 5 cajas con 80 baldosas cada una y otra caja con 35 baldosas. ¿Cuántas baldosas compra en total?

11 Hoy es el cumpleaños de Natalia y para celebrarlo ha invitado a un grupo de amigos a comer a un restaurante. Ocho amigos han pedido el menú especial a 21 € cada uno, y seis amigos, el menú del día a 19 € cada uno. ¿Cuánto ha pagado en total Natalia?

12 El pueblo donde vive Ramón tiene un total de 3.600 habitantes. Un tercio se dedica a la agricultura. ¿Cuántos habitantes se dedican a la agricultura?

13 En la nueva tienda de ropa han puesto una oferta de camisetas. ¿Cuántas camisetas puedes comprar con 18 €?

Cálculo mental

Calcula la mitad de decenas y centenas

Con la cifra de decenas o centenas par

80 : 2 = 40

20 : 2	400 : 2
40 : 2	600 : 2
60 : 2	800 : 2

Con la cifra de decenas o centenas impar

90 : 2 = 40 + 5 = 45
9 − 1 = 8
8 : 2 = 4

30 : 2
50 : 2
70 : 2
90 : 2

700 : 2 = 300 + 50 = 350
7 − 1 = 6
6 : 2 = 3

300 : 2
500 : 2
700 : 2
900 : 2

Pequeños problemas

Calcula mentalmente

1. En la clase de Rocío han obtenido 400 € por la venta de papeletas para una rifa. Si cada papeleta valía 2 €, ¿cuántas papeletas han vendido?
2. Han alquilado motocicletas para los 70 turistas de una excursión. Si en cada moto suben 2 turistas, ¿cuántas motos se necesitan?

Un número, una división

Escribe una división en la que el divisor sea 2 y cuyo cociente sea:

- 30
- 200
- 35
- 450

¿Qué sabes ya?

Los polígonos: lados y vértices

Una línea poligonal cerrada y su interior forman un polígono.
Observa cuántos lados y vértices tienen estos polígonos.

Triángulo

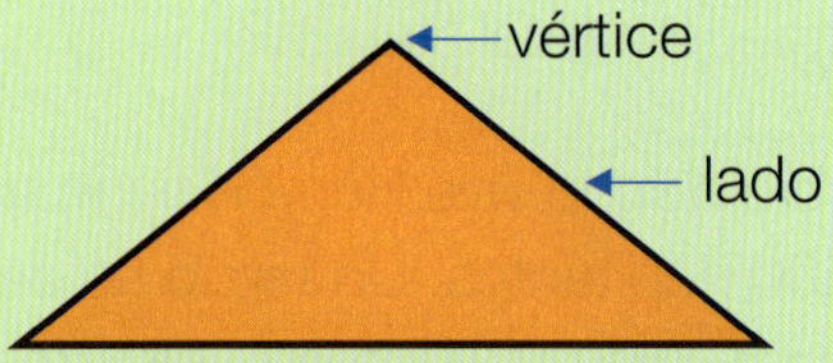

Un triángulo tiene 3 lados y 3 vértices.

Cuadrilátero

Un cuadrilátero tiene 4 lados y 4 vértices.

1 **Escribe el número de lados y vértices de cada polígono.**

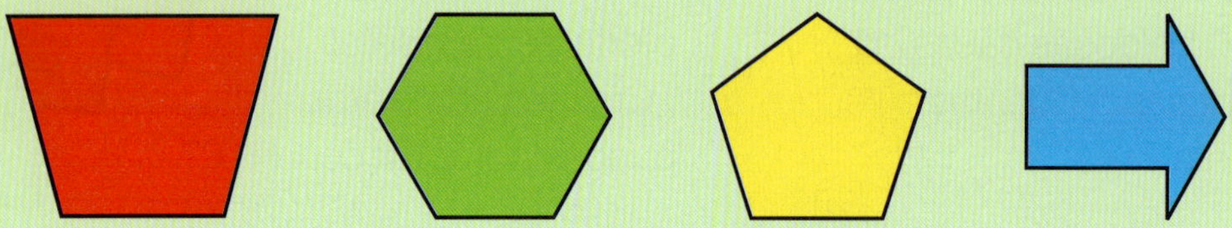

EJEMPLO
El polígono rojo tiene … lados y … vértices.

8 Figuras planas

Tiempo para hablar

- ¿Cuántos lados tiene la parcela de cada cultivo del huerto?
- ¿Qué cultivos tienen una parcela cuadrada? ¿Cuáles tienen una parcela de cuatro lados que no es cuadrada?
- ¿Qué forma tiene la parcela dedicada a las berenjenas? ¿Y la dedicada al brócoli?
- Explica las diferencias y semejanzas entre las formas de las parcelas de tomates y de lechugas.

SABER HACER

Describir formas geométricas.

Polígonos: elementos y clasificación

Los elementos de un polígono son: lados, vértices y ángulos.

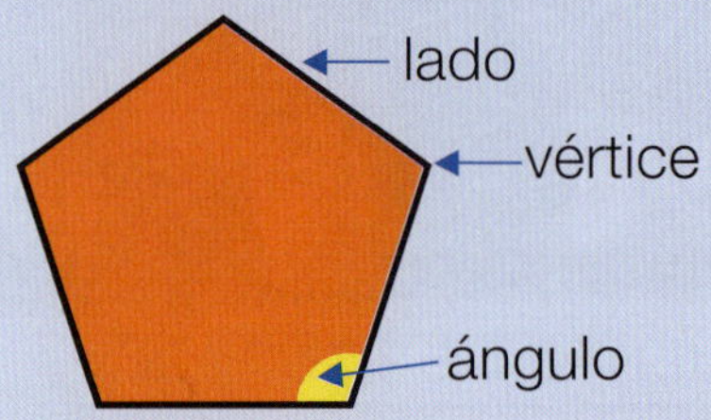

Lados. Son los segmentos que forman la línea poligonal.

Vértices. Son los puntos donde se unen los lados.

Ángulos. Son los ángulos que forman los lados.

Según su número de lados, los polígonos se clasifican en:

Triángulo	**Cuadrilátero**	**Pentágono**	**Hexágono**

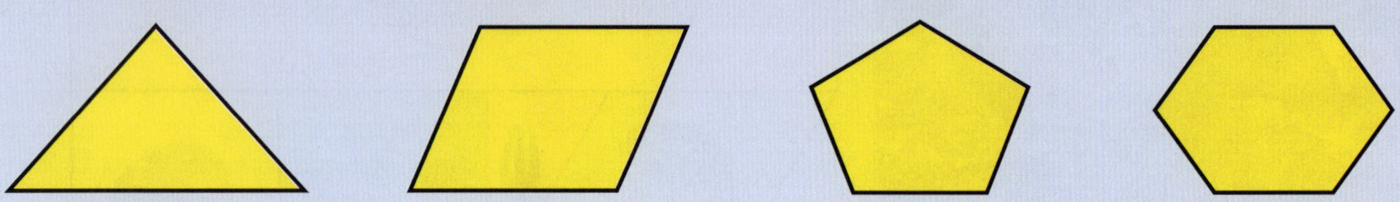

3 lados	4 lados	5 lados	6 lados

Los polígonos tienen lados, vértices y ángulos. Según su número de lados, los polígonos se clasifican en: triángulos, cuadriláteros, pentágonos, hexágonos…

1 **Calca los polígonos y señala sus lados, vértices y ángulos.**

- Repasa los lados.
- Dibuja un punto en los vértices.
- Marca los ángulos.

2 **Cuenta el número de lados de cada polígono y clasifícalos.**

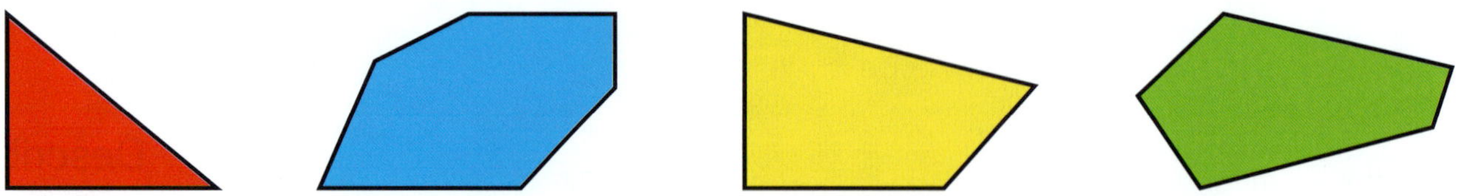

EJEMPLO El polígono rojo tiene … lados. Es un …

3 **Piensa y contesta.**

- Un polígono tiene 5 vértices. ¿Qué clase de polígono es?
- Un polígono tiene 6 ángulos. ¿Qué clase de polígono es?

4 **Escribe la forma de los azulejos de cada mosaico.**

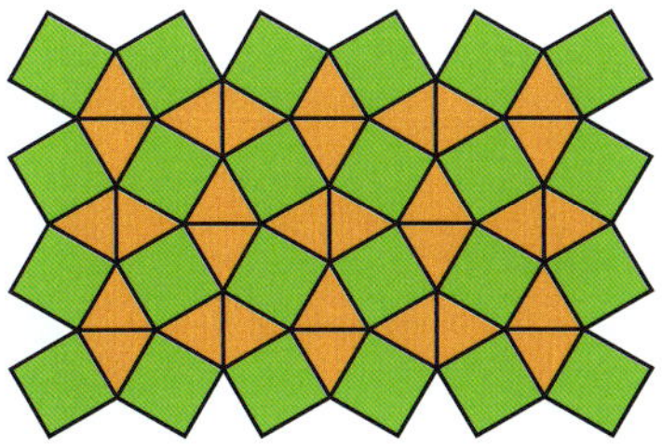

EJEMPLO

Cada azulejo naranja es un ...

5 **Utiliza la regla y copia este dibujo en un papel cuadriculado. Después, escribe de qué clase son los polígonos de cada color.**

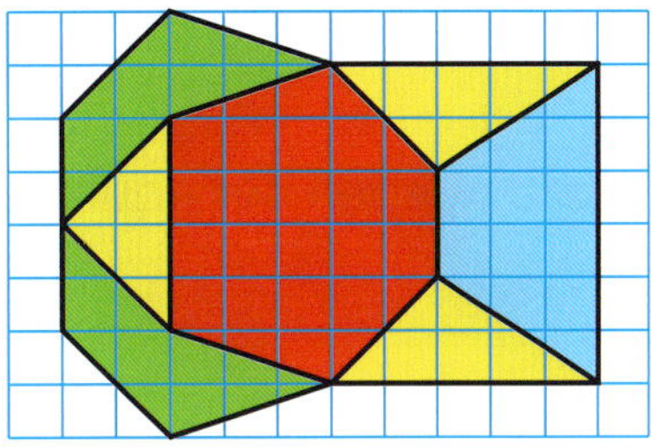

EJEMPLO

Los polígonos amarillos son ...

Problemas

6 **Leed y dibujad un cuadrado en cada caso con la línea del corte correspondiente.**

En la carpintería de Álex hay cuatro tablas cuadradas. Tienen que cortar cada tabla en dos piezas que tengan las siguientes formas. ¿Cómo lo pueden hacer?

- Dos triángulos.
- Dos cuadriláteros.
- Un triángulo y un cuadrilátero.
- Un triángulo y un pentágono.

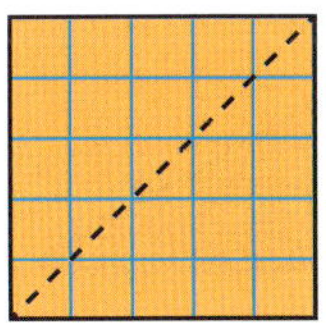

Piensa y escribe quién tiene razón, quién se equivoca y por qué.

- Alberto dice que todos los cuadriláteros son cuadrados.
- Paula dice que todos los cuadrados son cuadriláteros.

Clasificación de triángulos según sus lados

Los triángulos son los polígonos de tres lados.

Según sea la longitud de los lados, los triángulos se clasifican en:

Triángulo equilátero **Triángulo isósceles** **Triángulo escaleno**

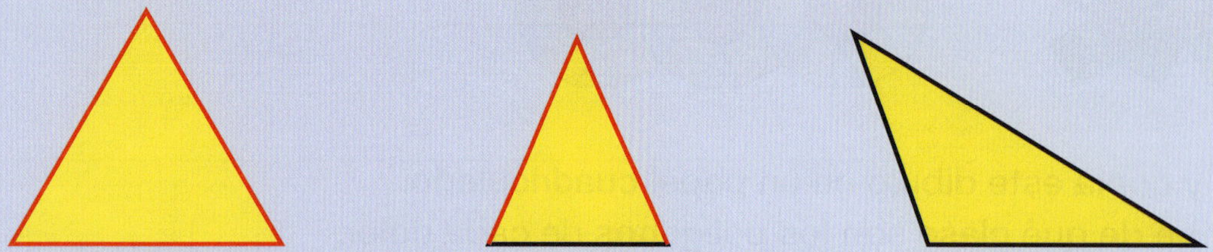

3 lados iguales 2 lados iguales 3 lados desiguales

Los triángulos según sus lados pueden ser equiláteros, isósceles o escalenos.

1 **Calca cada triángulo, mide sus lados y escribe qué clase de triángulo es.**

EJEMPLO

… cm

… cm

… cm

Triángulo …

2 **Mide los lados y clasifica los triángulos.**

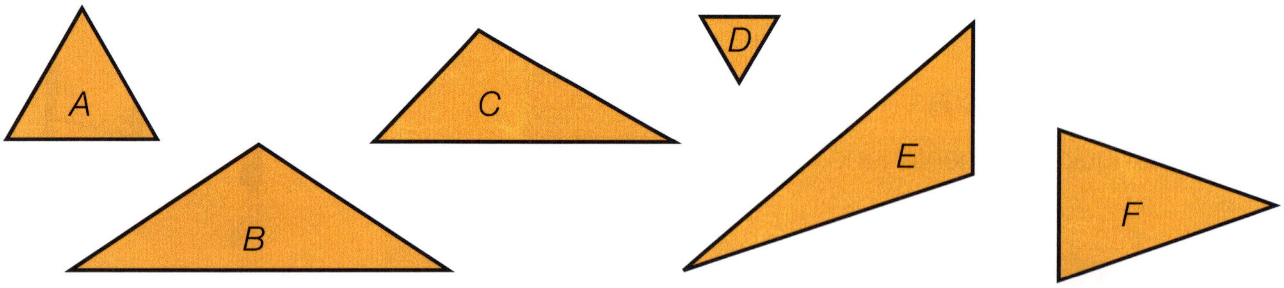

3 **Piensa y contesta.**

- Un lado de un triángulo mide 8 cm y otro mide 6 cm.
  ¿Cuánto puede medir el otro lado para que sea un triángulo isósceles? ¿Y para que sea escaleno?

- Dos lados de un triángulo miden 5 cm.
  ¿Cuánto medirá el otro lado para que sea un triángulo equilátero? ¿Y cuánto puede medir para que sea isósceles?

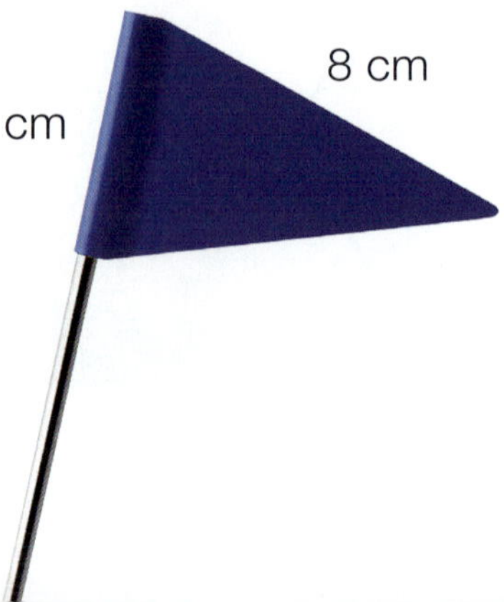

Clasificación de cuadriláteros

Los cuadriláteros son los polígonos de cuatro lados.

Según los lados que tengan paralelos, los cuadriláteros se clasifican en:

Paralelogramos	**Trapecios**	**Trapezoides**

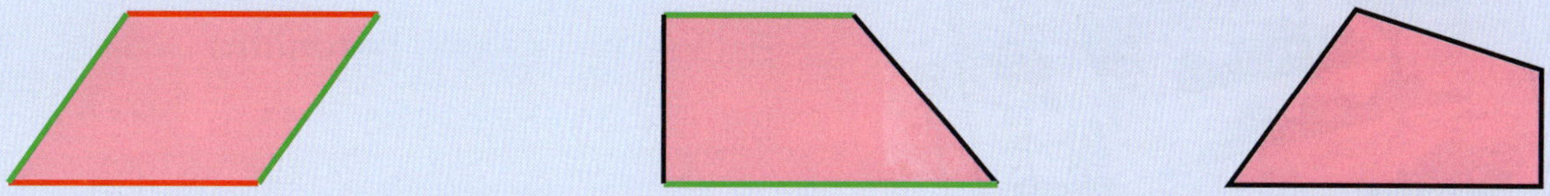

Lados paralelos dos a dos	Solo dos lados paralelos	Sin lados paralelos

Los cuadriláteros pueden ser paralelogramos, trapecios o trapezoides.

1 **Observa cada cuadrilátero y contesta.**

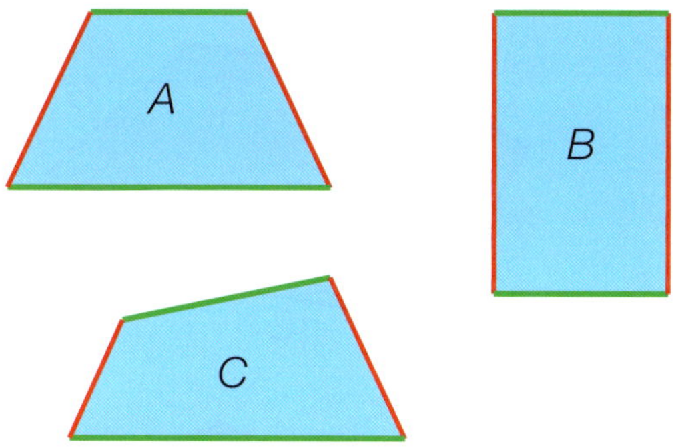

- Sus lados rojos, ¿son paralelos?
- ¿Y sus lados verdes?
- ¿Qué tipo de cuadrilátero es?

2 **Calca cada cuadrilátero y repasa del mismo color los lados paralelos. Después, escribe en tu cuaderno de qué tipo es y por qué.**

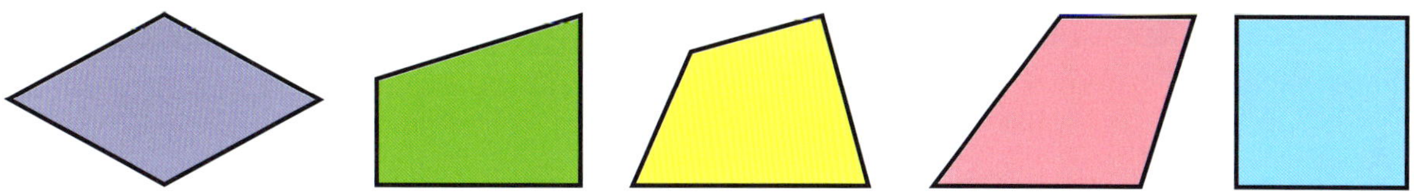

3 **Copia en tu cuaderno, dibuja los otros dos lados y colorea para completar cada cuadrilátero.**

- Un paralelogramo
- Un trapecio
- Un trapezoide

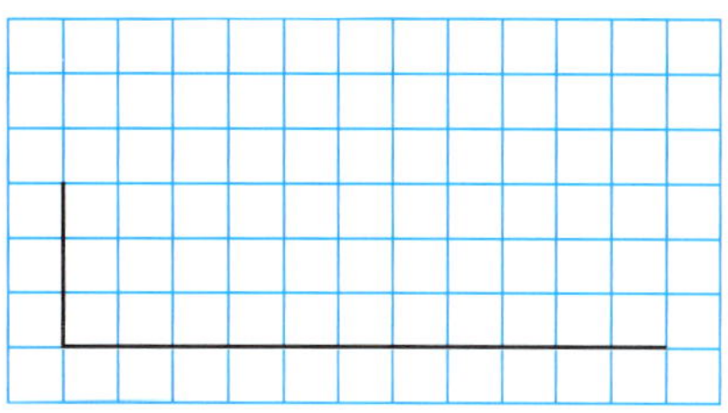

Perímetro de un polígono

Mariano quiere vallar su terreno.
¿Cuántos metros de valla necesita?

Para calcular los metros de valla hay que sumar las longitudes de los lados del terreno.

Esta suma se llama **perímetro**.

35 m + 43 m + 29 m + 45 m = 152 m

Mariano necesita 152 m de valla.

El perímetro de un polígono es igual a la suma de las longitudes de sus lados.

1 **Calcula el perímetro de cada polígono.**

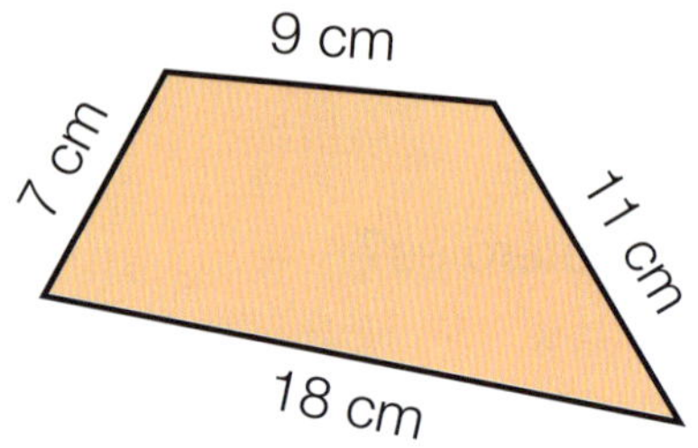

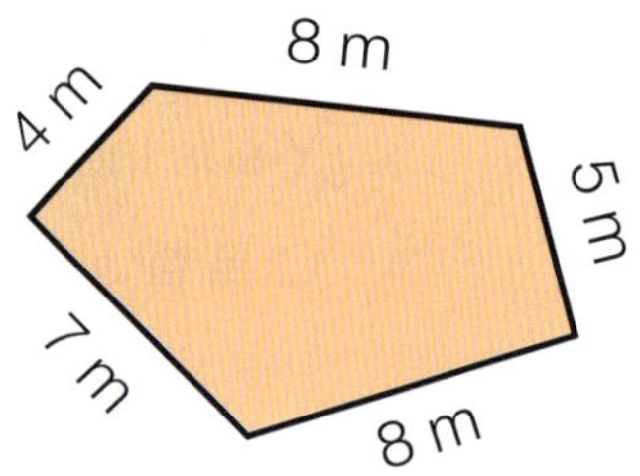

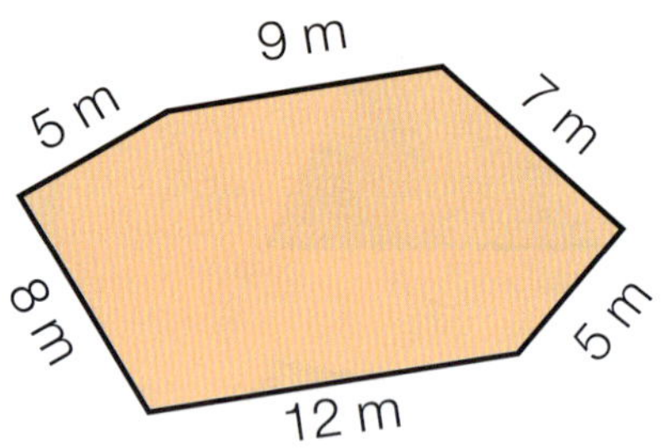

2 **Mide con la regla y calcula el perímetro de cada polígono.**

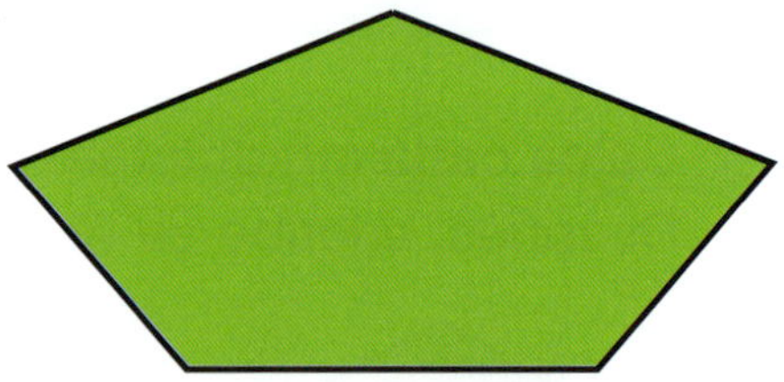

Problemas

3 **Lee, haz un croquis de cada foto y resuelve.**

En clase de Eva están haciendo un mural con fotografías de la última excursión. Pegan una cinta en el borde de cada foto como si fuera el marco. ¿Cuánto medirán las cintas de estas fotografías?

- Una foto cuadrada cuyo lado mide 12 cm.
- Una foto rectangular que mide 15 cm de largo y 10 cm de ancho.

Área de un polígono con un cuadrado unidad 8

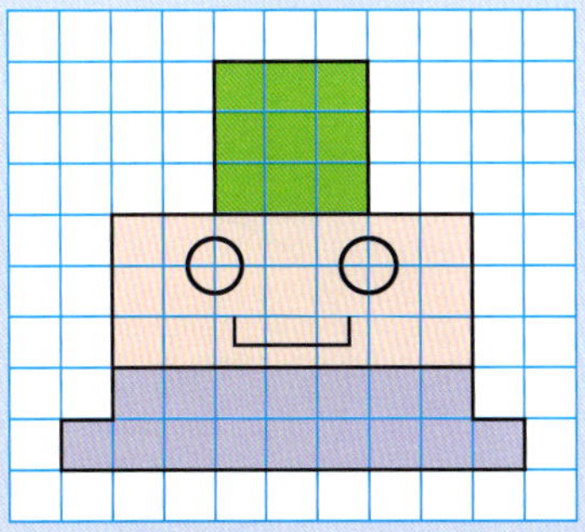

Nuria dibuja una figura formada por polígonos.
Quiere saber cuántos cuadrados forman cada polígono.
Esta medida se llama **área** del polígono.

- ▸ Área = 9
- ▸ Área = 21
- ▸ Área = 16

Para calcular el área de un polígono se toma un cuadrado como unidad de medida y se cuenta el número de cuadrados que forman el polígono.

1 Cuenta los cuadrados que forman cada figura y completa en tu cuaderno.

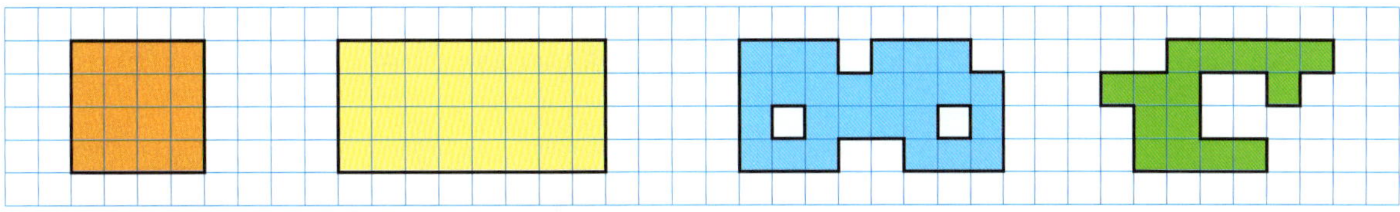

Área = …   Área = …   Área = …   Área = …

2 Piensa y contesta. Después, calcula el perímetro y el área de cada figura y comprueba tus respuestas.

Dos polígonos…

- ¿Pueden tener la misma área y distinto perímetro?
- ¿Pueden tener el mismo perímetro y distinta área?

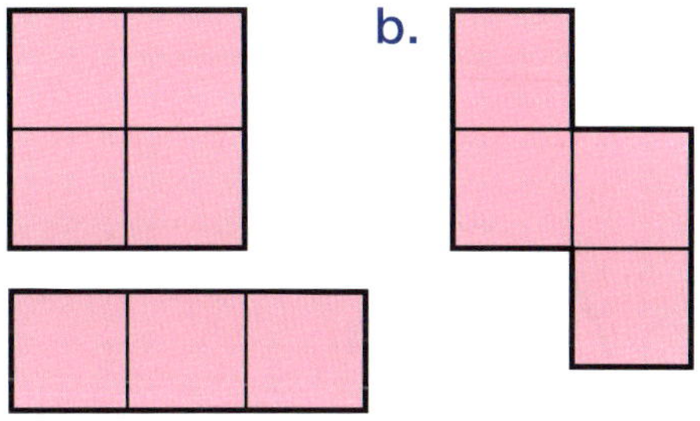

EJEMPLO

a. Perímetro = … cm   Área = …

3 Dibuja en una hoja cuadriculada.

- Un rectángulo cuya área sea igual a 20 cuadraditos.
- Un cuadrado cuya área sea igual a 25 cuadraditos.

PENSAMIENTO

Observad y escribid el área del cuadrado y del triángulo.

Explicad cómo lo habéis calculado.

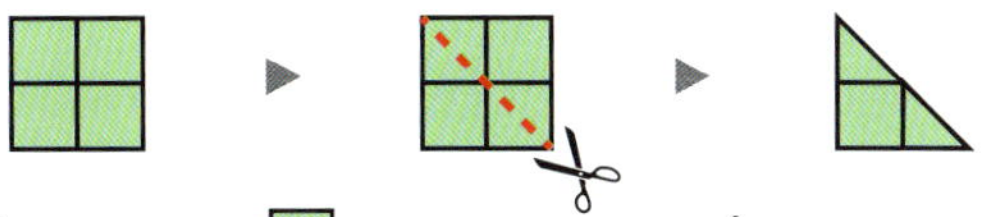

Área = …   Área = …

Circunferencia y círculo. Elementos

Fíjate en la diferencia entre la circunferencia y el círculo.

- La **circunferencia** es una línea curva cerrada. Todos sus puntos están a la misma distancia de un punto llamado centro.
- El **círculo** es la figura plana formada por una circunferencia y su interior.

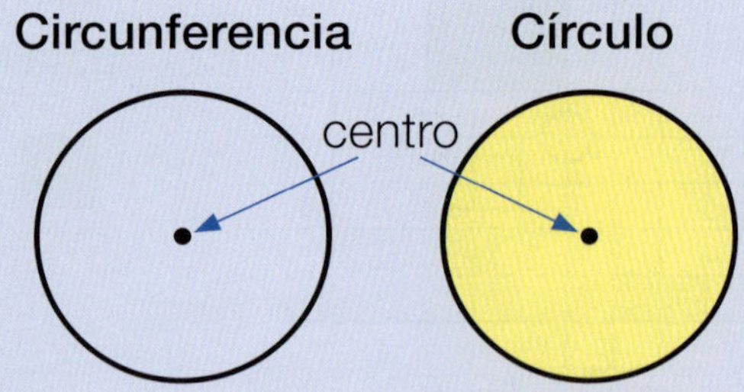

Los elementos más destacados de la circunferencia y el círculo son:

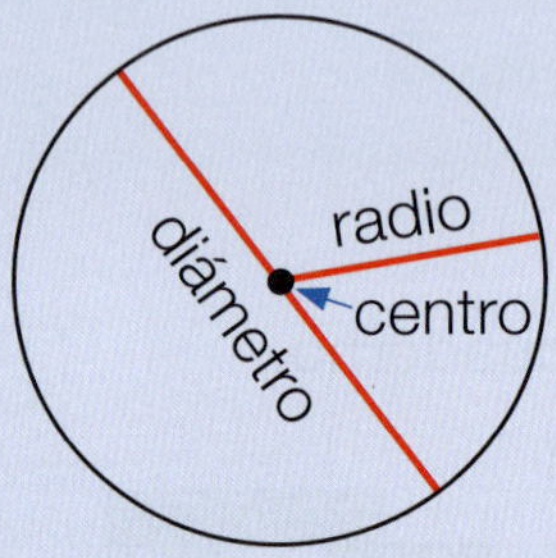

- **Centro:** es el punto que está a la misma distancia de cada punto de la circunferencia.
- **Radio:** es el segmento que une el centro con un punto de la circunferencia.
- **Diámetro:** es el segmento que une dos puntos de la circunferencia pasando por el centro.

La **circunferencia** es una línea curva cerrada, y el **círculo** es una figura plana. Sus elementos son: **centro**, **radio** y **diámetro.**

1 Cuenta y contesta.

- ¿Cuántas circunferencias y cuántos círculos forman la figura?

- ¿ Qué objeto tiene forma de circunferencia? ¿Y de círculo?

2 Mide en centímetros y completa en tu cuaderno.

- El radio de la circunferencia azul mide …
- El diámetro de la circunferencia verde mide …
- El diámetro de la circunferencia roja mide …

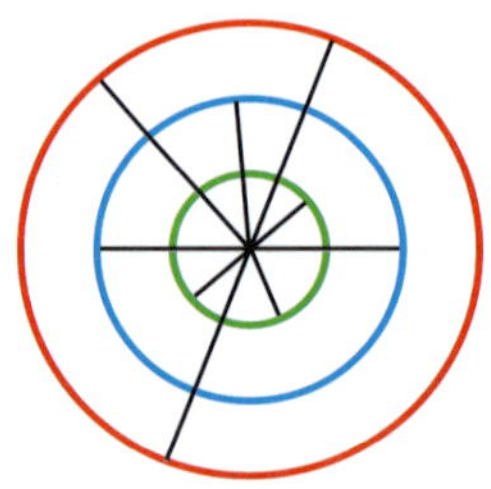

3 **Lee y dibuja con el compás una circunferencia de 2 cm y otra de 3 cm de radio. Después, marca con un punto rojo el centro de cada una.**

HAZLO ASÍ

Cómo se dibuja con el compás una circunferencia de 2 cm de radio

1.º Abre el compás con la longitud del radio. En este caso, 2 cm.

2.º Pincha la punta del compás. El punto donde pinchas es el centro.

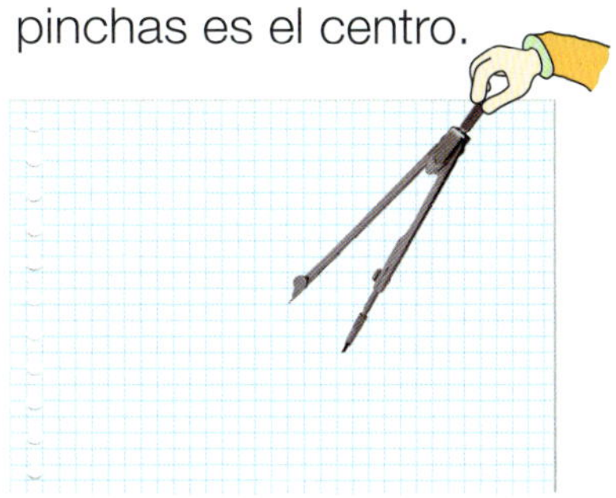

3.º Gira el compás sin mover la punta hasta dar una vuelta completa.

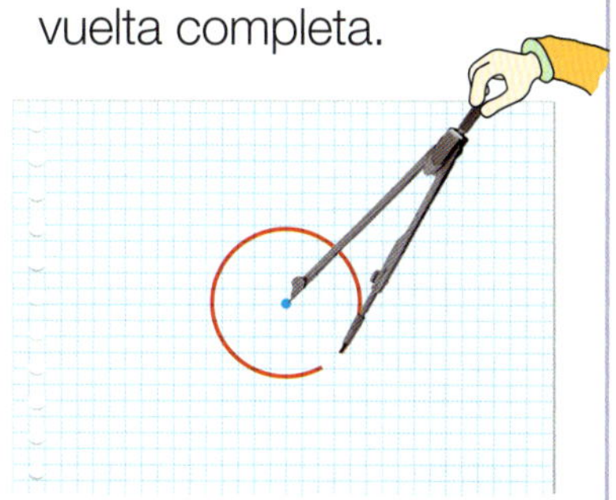

4 **Dibuja con el compás una circunferencia de 4 cm de radio y traza.**

- Un radio.
- Un diámetro.

- ¿Puedes trazar más radios? ¿Y más diámetros?
- ¿Cuántas veces es mayor el diámetro que el radio?

Problemas

5 **Leed y fijaos en el dibujo.**

Guillermo ha diseñado este logotipo para un producto. ¿Cómo creéis que lo ha dibujado? Intentad hacerlo en vuestros cuadernos.

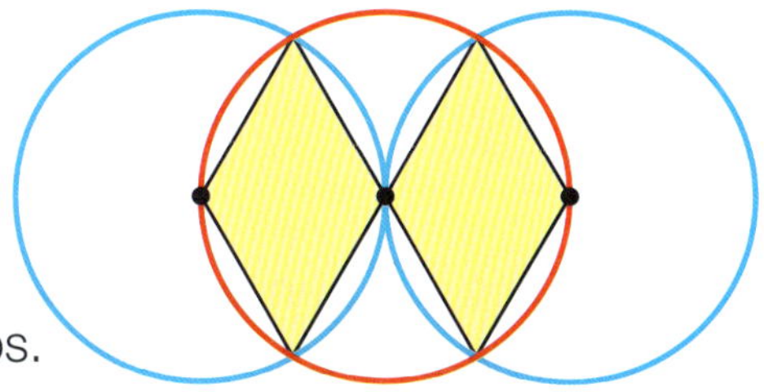

6 **Observa el dibujo, piensa y contesta.**

Paloma tiene un cuadrado de corcho que mide 10 cm cada lado. Quiere cortarlo para hacer un posavasos circular lo más grande posible.
¿Cuánto medirá el diámetro del posavasos? ¿Y el radio?

10 cm

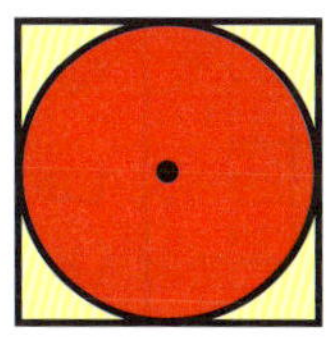

10 cm

CREATIVIDAD

Inventa y dibuja logotipos.

- Un logotipo que tenga 2 circunferencias y 3 círculos.
- Un logotipo que tenga 1 triángulo, 2 cuadriláteros y 2 circunferencias.

COMPRUEBO MI PROGRESO

1 **Calca los puzles cuyas piezas son polígonos y explica por qué lo son.**

2 **Calca la figura y colorea.**

- Los triángulos. (rojo)
- Los cuadriláteros. (azul)
- Los pentágonos. (amarillo)
- Los hexágonos. (verde)

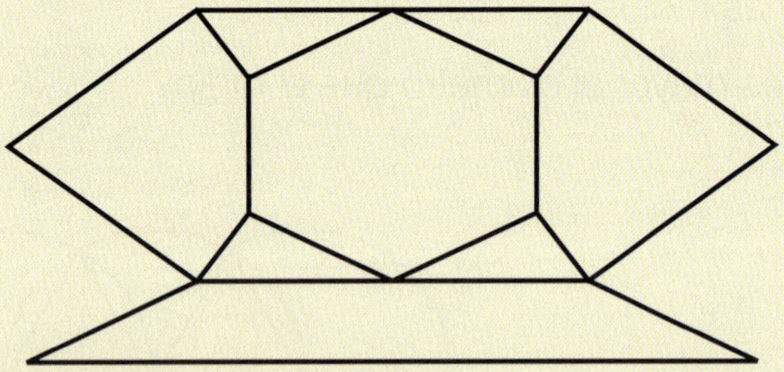

3 **Dibuja en un papel cuadriculado cada polígono y completa su ficha.**

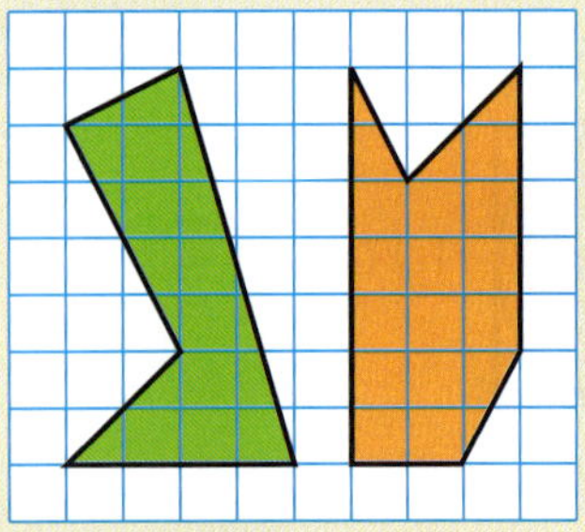

FICHA

Nombre ▶ …

Lados ▶ …

Vértices ▶ …

Ángulos ▶ …

4 **TIEMPO PARA ESCRIBIR. Explica en qué se parecen y en qué se diferencian.**

- Un pentágono y un hexágono.
- Una circunferencia y un círculo.

5 **¿De qué clase son los triángulos de cada figura? Clasifícalos.**

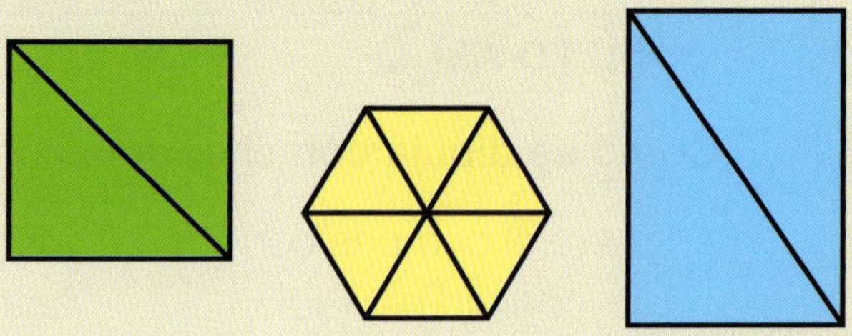

6 **Observa los lados paralelos que tiene cada cuadrilátero y clasifícalos.**

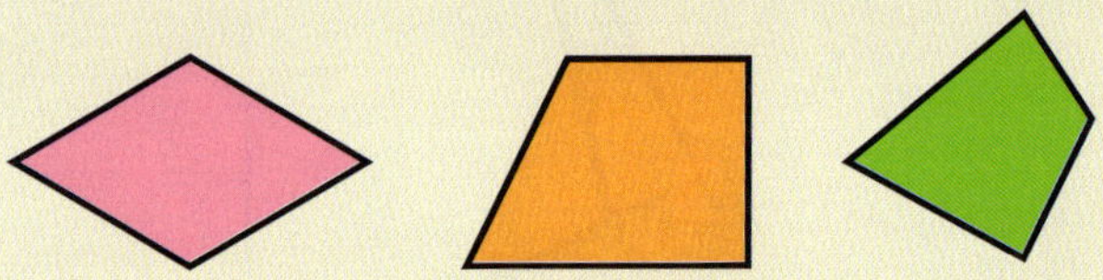

7 **Mide con la regla y calcula el perímetro de cada polígono.**

8 **Utiliza la regla y escribe en tu cuaderno cuánto mide.**

- El diámetro del círculo rojo.
- El radio de la circunferencia azul.

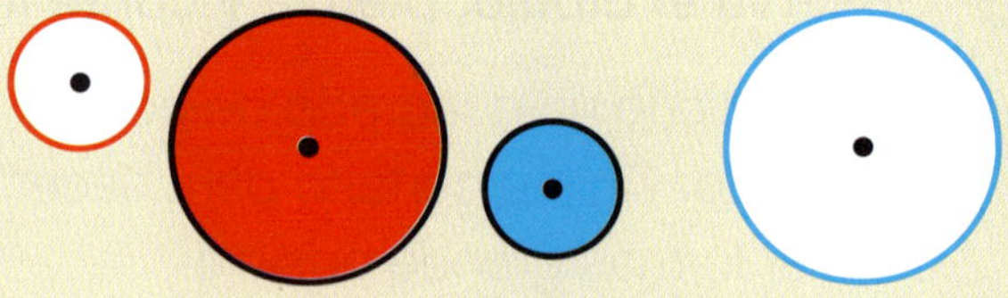

9 **Dibuja con el compás.**

- Una circunferencia de 3 cm de radio.
- Un círculo de 4 cm de diámetro.

Traza un radio en el círculo y un diámetro en la circunferencia.

Problemas

10 Lee y clasifica las señales.

PELIGRO ▶ Triángulo con borde rojo.

PROHIBICIÓN ▶ Círculo con borde rojo.

OBLIGACIÓN ▶ Círculo con fondo azul.

INFORMACIÓN ▶ Rectángulo con fondo azul, blanco, verde o de otro color.

11 Observa el dibujo y contesta.

Mar coloca en el suelo de su clase de yoga cuadrados de espuma de colores formando un rectángulo.

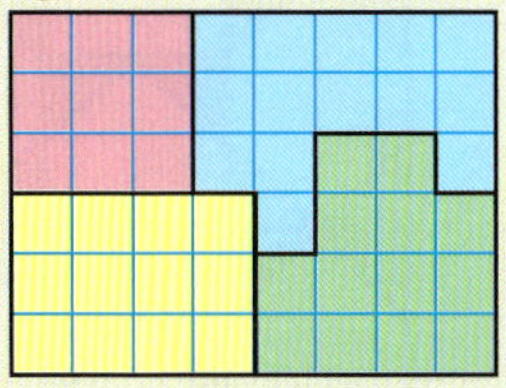

- ¿Cuál es el área de cada zona de color?
- ¿Y el área del rectángulo?

EJEMPLO Zona rosa ▶ … □

12 Observa el dibujo y resuelve.

El ayuntamiento de Sila ha dividido un terreno en cuatro parcelas para construir una zona de recreo.

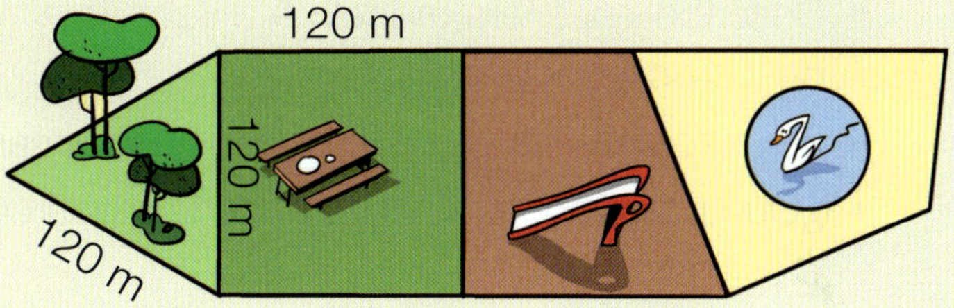

- ¿Qué polígono es cada parcela?
- ¿Qué forma tiene el lago? ¿Es un polígono?
- ¿Qué tipo de triángulo es el pinar?
- ¿Qué zona tiene forma de paralelogramo? ¿Y de trapecio? ¿Y de trapezoide?
- ¿Cuántos metros de valla necesitarán para vallar el merendero?

¿CÓMO LO HE HECHO? Responde en tu cuaderno.

- ¿Sé reconocer un polígono y sus elementos?
- ¿Clasifico triángulos y cuadriláteros?
- ¿Calculo el perímetro de un polígono y su área?
- ¿Sé dibujar y diferenciar un círculo de una circunferencia?

Pon nota a tu trabajo en esta unidad.

Describir formas geométricas

En el colegio han recibido dinero para el huerto escolar y para instalar unas vidrieras en el comedor. En el vestíbulo han puesto dos modelos para que todos puedan verlos y votar el que más les gusta.

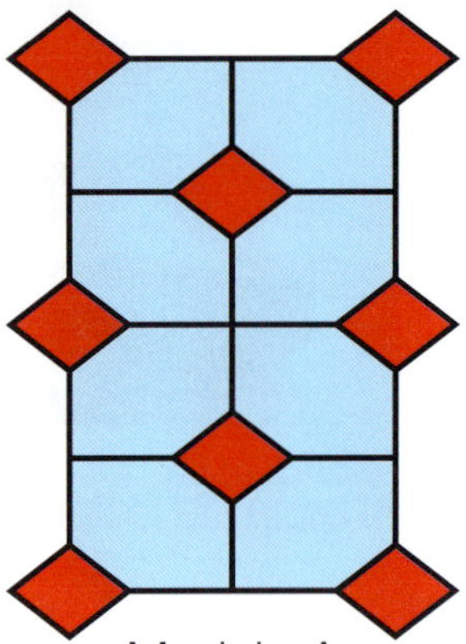

Modelo A

Modelo B

1 **Lee y resuelve.**

- Describe la vidriera modelo A utilizando el nombre de los polígonos que la forman.
- ¿Qué formas tienen los cristales que forman la vidriera modelo B?
- ¿Qué polígonos se forman al cortar cada cristal por la línea de puntos? Clasifícalos.

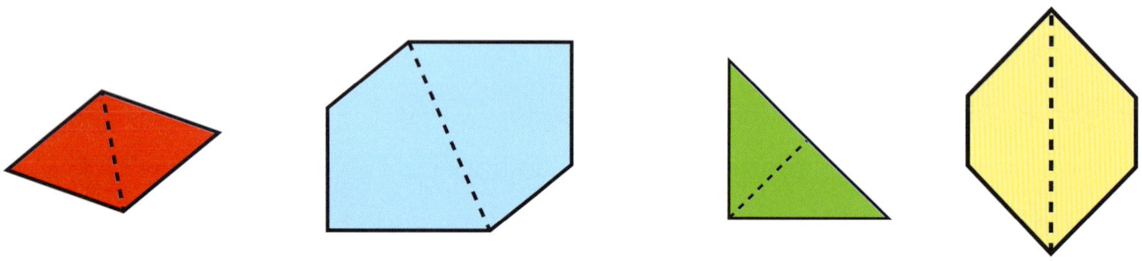

2 **Leed y comparad vuestros trabajos.**

Dibuja en tu cuaderno esta vidriera circular de 8 cm de diámetro. Después, explica a tu compañero o compañera cómo lo has hecho y qué pasos has seguido.

- ¿Habéis seguido los dos el mismo método?
- ¿Se os ocurre alguna otra manera de dibujarla?

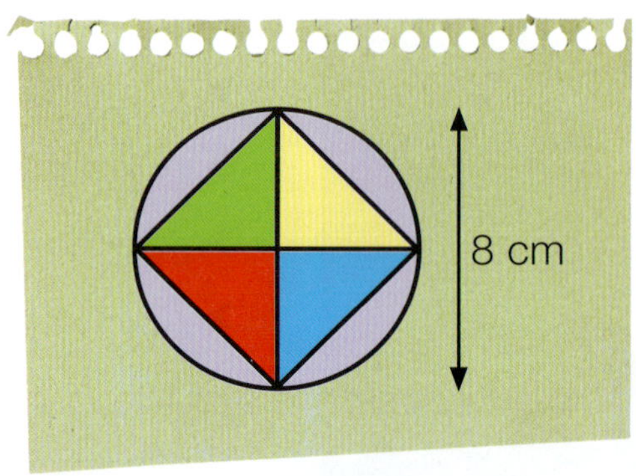

Juega con los polígonos

Material: Tarjetas plastificadas para escribir (reverso de las tarjetas de numeración).
Tangram y rotulador.

Número de participantes: 4

Reglas del juego:

Cada grupo elegirá algunas piezas del tangram y las colocará sobre su tarjeta representando una figura. Una vez formada, se repasará el borde con el rotulador.

A continuación, los grupos intercambiarán las tarjetas e intentarán componer la figura dibujada en ella.

Obtiene 1 punto el primer grupo que forme la figura con las piezas del tangram.

Gana el grupo que consiga primero 6 puntos.

1. Calcad esta figura en vuestros cuadernos y explicad cómo la podéis formar con las piezas del tangram.

Retos matemáticos

Doble juego

Dos personas juegan al ajedrez. Juegan 5 partidas y cada una gana el mismo número de partidas que la otra. ¿Cómo puede ser si no han hecho tablas en ninguna partida?

La diana

Tienes una diana en la que las zonas valen 3, 5, 11, 13 y 19. ¿Cómo podéis conseguir 50 puntos con el menor número de impactos?

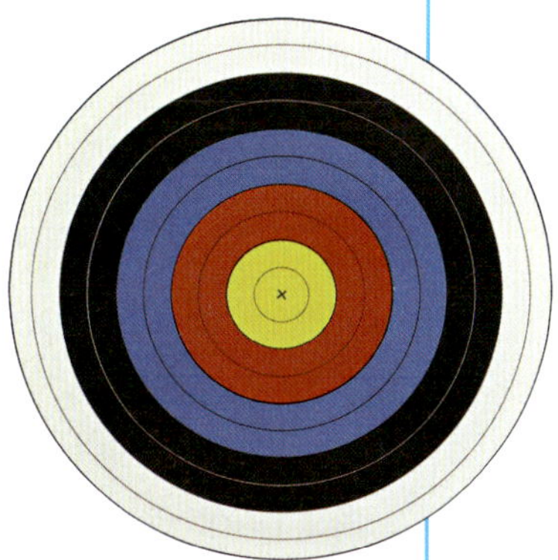

Solución de problemas

Extraer datos de la resolución de un problema

Vamos a leer el problema y su resolución.
Después, completamos los datos que faltan teniendo en cuenta esa resolución.

En el parque natural hay una familia de 3 elefantes. La cantidad de comida que come cada uno al día es mayor cuanto mayor sea su tamaño. El elefante macho es el de mayor tamaño y ayer comió ☐ kilos, la hembra es la mediana y ayer comió ☐ kilos y el pequeño ayer comió ☐ kilos. ¿Cuántos kilos comieron ayer entre los tres?

Resolución: 172 + 158 + 73 = 403

▸ Al leer el problema vemos que debemos ordenar los números que aparecen en la resolución según el tamaño del elefante. Así, el enunciado completo es:

En el parque natural hay una familia de 3 elefantes. La cantidad de comida que come cada uno al día es mayor cuanto mayor es su tamaño. El elefante macho es el de mayor tamaño y ayer comió 172 kilos, la hembra es la mediana y ayer comió 158 kilos y el pequeño ayer comió 73 kilos. ¿Cuántos kilos comieron ayer entre los tres?

Escribe en tu cuaderno cada problema y completa los datos que faltan teniendo en cuenta su resolución.

1. Mónica gastó ☐ € en comprar unos libros. Si llevaba en la cartera ☐ €, ¿cuánto dinero le quedó?
   Resolución: 19 − 12 = 7

2. Varios amigos han quedado para hacer una manualidad. Cada uno usará ☐ clips para su figura. Después, los ☐ harán un mural en común. ¿Cuántos clips usarán en total?
   Resolución: 4 × 80 = 320

3. Marcelino tiene ☐ años y su hermana mayor Amalia tiene ☐ años. ¿Cuántos años tiene Amalia más que Marcelino?
   Resolución: 21 − 12 = 9

1 **Escribe cómo se leen.**

- 13.480
- 72.105
- 45.029
- 80.964
- 60.643
- 93.760

2 **Escribe cinco números.**

- Comprendidos entre 5 C y 9 C.
- Comprendidos entre 3 UM y 4 UM.
- Comprendidos entre 7 DM y 8 DM.

3 **Coloca los números y calcula.**

- 23.465 + 39.620
- 56.943 + 7.545
- 72.021 − 28.624
- 80.340 − 8.754

4 **Estima estas sumas y restas.**

- 23 + 58
- 76 − 41
- 275 + 340
- 735 – 482
- 618 + 285
- 890 – 743

5 **Calcula las multiplicaciones.**

- 312 × 7
- 95 × 23
- 493 × 8
- 164 × 31
- 574 × 26
- 357 × 45

6 **Calcula el número que falta.**

- ___ : 9 = 129
- ___ : 4 = 807
- 1.340 : 5 = ___
- 42.456 : 3 = ___

Problemas

7 En una tienda compran 17 MP3 a 95 € cada uno. Después, venden cada aparato por 107 €. ¿Qué beneficio obtienen si venden todos?

8 Toni quiere envasar 1.680 kg de nueces en bolsas de 8 kg cada una. Tiene 150 bolsas. ¿Puede hacerlo? ¿Cuántas bolsas le sobran o le faltan?

9 Paula y Javier dieron ayer un paseo en bicicleta. Javier recorrió 1.280 m y Paula 2.000 m. Hoy han dado otro paseo y han recorrido en total 4.170 m. ¿Cuántos metros han recorrido hoy más que ayer?

10 Silvia tiene ahorrados 580 €. Quiere pasar un día en la nieve, que vale 380 €, y el equipo de esquí le cuesta 180 €. ¿Tiene dinero suficiente?

11 Raquel compra un videojuego por 32 €. Para pagar entrega un billete de 100 €. El vendedor le dice: «No tengo muchas monedas, ¿me podría dar 2 €?». Raquel se los da. ¿Cuánto dinero le tendrán que devolver a Raquel?

12 El entrenador de un equipo de baloncesto tiene 1.000 € para comprar camisetas y zapatillas para su equipo. En las zapatillas se ha gastado 545 € y ha comprado 10 camisetas a 26 € cada una. ¿Cuánto dinero le ha sobrado?

Calcular el precio de una compra

1. Formad grupos de 4 y, en cada grupo, organizaos por parejas.

2. Uno de vosotros leerá el texto a su compañero o compañera y, juntos, comentaréis toda la información que aparece en el dibujo y en el cartel.

A Angie le encantan los animales, y su amiga Laura quiere regalarle unas láminas de animales enmarcadas.

Ha ido a una tienda a ver algunas.

Láminas de tipo A
Cuadrada Lado: 25 cm

Láminas de tipo B
Alto: 55 cm Ancho: 20 cm

Láminas de tipo C
Alto: 40 cm Ancho: 35 cm

3. Una vez que estéis de acuerdo con los datos que aporta la situación, resolved en pareja estas cuestiones.

EJERCICIOS

1. Ángel quiere regalar a su amiga dos láminas del tipo A y una del B. ¿Cuánto dinero necesita?

2. Enmarcar una lámina cuesta 3 € por cada 50 cm de marco que se necesite. ¿Cuánto cuesta enmarcar una lámina del tipo A? ¿Y del tipo B? ¿Y del C?

3. ¿Cuánto cuesta una lámina del tipo A enmarcada? ¿Y de los tipos B y C?

4. Si Ángel tiene 30 € y quiere enmarcar las láminas que compre, ¿qué láminas puede comprar? ¿Cuánto dinero le sobra en cada caso?

4. A continuación, juntaos todo el grupo y poned en común vuestras respuestas.

¿Hay una única solución?

¿Hay soluciones más baratas y más caras?

Poneos de acuerdo para elegir la solución que más os guste.

5. **TIEMPO PARA HABLAR.** Escoged un portavoz que explique al resto de la clase qué opción habéis elegido y por qué.

¿CÓMO LO HEMOS HECHO? Responde en tu cuaderno.

- ¿Hemos colaborado todos y trabajado en común?
- ¿Nos hemos puesto de acuerdo sobre cuál es la respuesta más adecuada a cada cuestión?

Pon nota a este trabajo.

TERMINAMOS EL TRIMESTRE

Hoy hace un magnífico día y muchas personas han decidido pasarlo en el parque acuático.

1 **Observa los precios y calcula.**

- ¿Cuánto cuestan 4 entradas si haces la reserva por internet?
- ¿Cuánto cuestan 3 entradas en ventanilla?
- Calcula el precio total de las entradas que han comprado entre los dos.

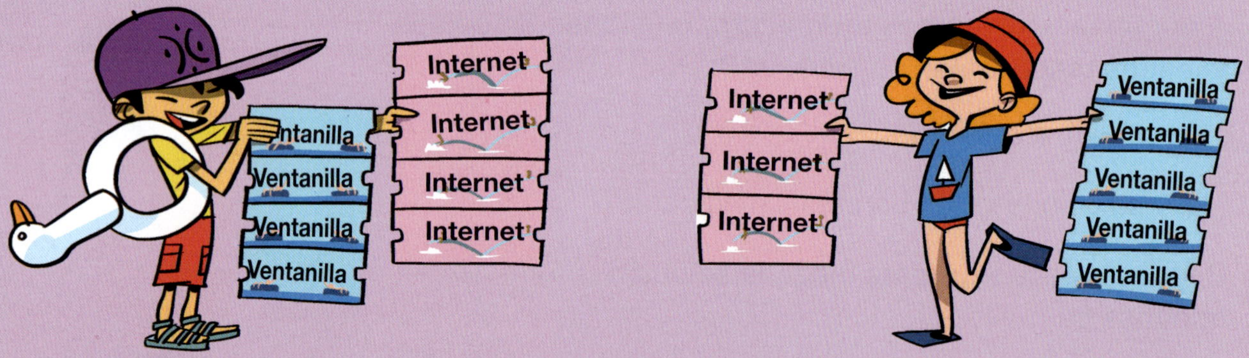

- ¿Cuánto cuestan las entradas de un grupo de 16 personas si haces la reserva por internet?
- ¿Cuánto costarán las entradas de un grupo de 24 personas en ventanilla?

2 **Calcula.**

El doble	La mitad
734	850
4.712	5.920
6.564	12.310

El triple	Un tercio
532	930
6.149	7.836
7.352	72.012

3 **Resuelve cada división y comprueba que no te has equivocado.**

RECUERDA

Una división está bien hecha si cumple:

- resto < divisor
- dividendo = divisor × cociente + resto

- 788 : 4
- 911 : 7
- 612 : 6
- 488 : 5
- 2.975 : 2
- 4.068 : 3
- 4.843 : 8
- 9.020 : 9

4 **Clasifica estos triángulos según la longitud de sus lados.**

EJEMPLO

Tiene los tres lados …
Es un triángulo …

5 **Utiliza el compás para dibujar en tu cuaderno esta figura.**

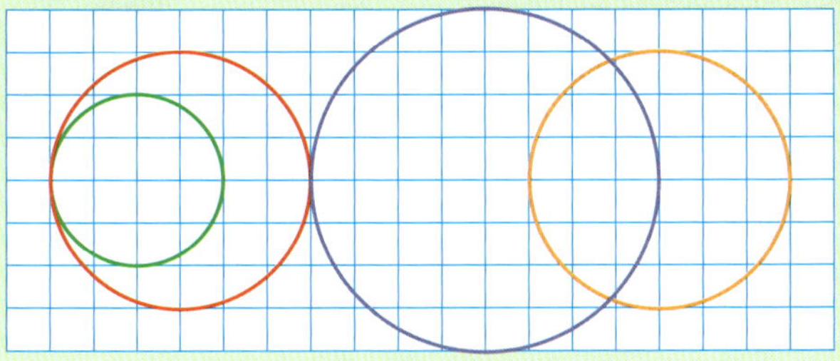

- ¿Cuántas circunferencias has dibujado?
- Traza el radio de cada una de las circunferencias que has dibujado.

Problemas

6 **Resuelve.**

- Andrea compra una mochila por 25 € y 4 carpetas iguales a 3 € cada una. Para pagar entrega un billete de 50 €. ¿Cuánto dinero le devuelven?
- Hoy, en la pastelería de Davinia han hecho 12 tartas de manzana, 6 de fresa y 9 de frutas. Las han colocado en partes iguales en 3 estanterías. ¿Cuántas tartas han puesto en cada una?
- Carla vive a 840 m del colegio y su amiga Rita vive a un tercio de esa distancia. ¿Quién vive más cerca del colegio? ¿A cuántos metros más cerca que la otra vive?

Antes de empezar

Cálculo mental

Calcula la mitad de un número de dos cifras con todas las cifras pares

46 : 2 = 23

22 : 2	48 : 2	82 : 2
24 : 2	64 : 2	84 : 2
46 : 2	68 : 2	88 : 2

Calcula la mitad de un número de tres cifras con todas las cifras pares

648 : 2 = 324

246 : 2	422 : 2	804 : 2
284 : 2	624 : 2	846 : 2
408 : 2	666 : 2	868 : 2

Un número, una división

Escribe una división en la que el divisor sea 2 y cuyo cociente sea:

- 24
- 32
- 41
- 122
- 303
- 421

Pequeños problemas

Calcula mentalmente

1. En un parque hay 86 árboles. La mitad son álamos. ¿Cuántos álamos hay?
2. Hoy se han recolectado 262 cajas de tomates que se han cargado en dos camiones. Si cada camión llevaba el mismo número de cajas, ¿cuántas cajas llevaba cada camión?

¿Qué sabes ya?

La mitad de un número

Para calcular la mitad de un número, divide ese número entre 2.

La mitad de 16 ▶ 16 : 2 = 8 La mitad de 40 ▶ 40 : 2 = 20

La mitad de una figura

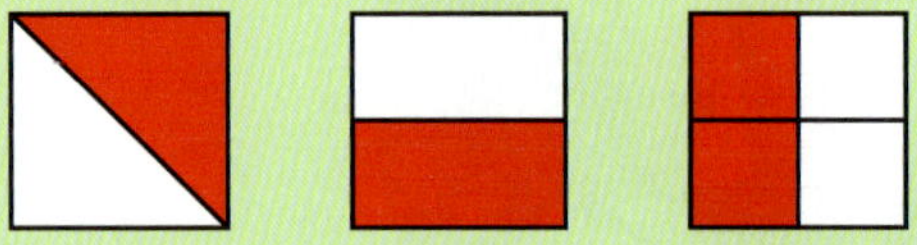

Cada figura está dividida en dos partes iguales.

La mitad de cada figura es de color rojo.

1 Calcula la mitad de cada número.

- 8
- 16
- 42
- 180
- 642

2 Escribe en tu cuaderno en qué figuras se ha coloreado la mitad.

9 Fracciones y decimales

Tiempo para hablar

- En el diseño de la ciudad del futuro, el polideportivo es rosa. ¿En cuántas partes está dividido su tejado? ¿Cuántas son de cada color?
- El colegio tiene su tejado dividido en 6 partes iguales. ¿Cuántas partes son rojas? ¿Y verdes?
- Explica cuántas partes tendrían que ser rojas en el tejado del colegio si la mitad del tejado fuera de ese color.

SABER HACER

Recubrir una terraza.

Fracciones

Observa la parte de la figura que han coloreado.

Esta figura está dividida en 2 partes iguales.
Hay 1 parte coloreada.
Para expresarlo utilizamos esta fracción: $\frac{1}{2}$.

$\frac{1}{2}$ ← Número de partes coloreadas / ← Número de partes iguales de la figura

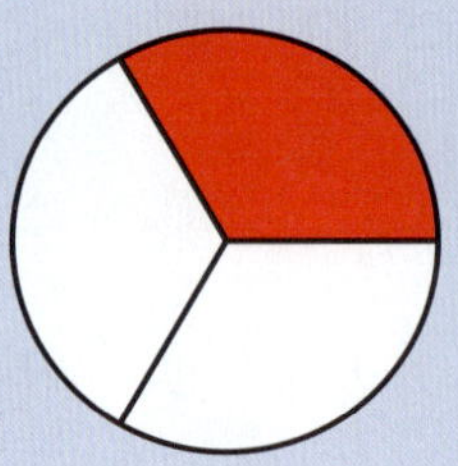

Esta figura está dividida en 3 partes iguales.
Hay 1 parte coloreada.
Para expresarlo utilizamos esta fracción: $\frac{1}{3}$.

$\frac{1}{3}$ ← Número de partes coloreadas / ← Número de partes iguales de la figura

1 **Copia las figuras y escribe la fracción que representa la parte coloreada.**

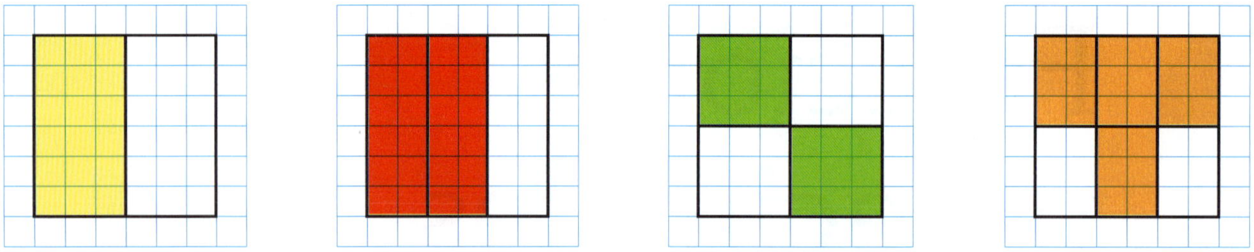

2 **Copia las figuras y colorea en cada una la fracción que se indica.**

$\frac{1}{2}$ $\frac{1}{3}$ $\frac{2}{4}$ $\frac{3}{5}$

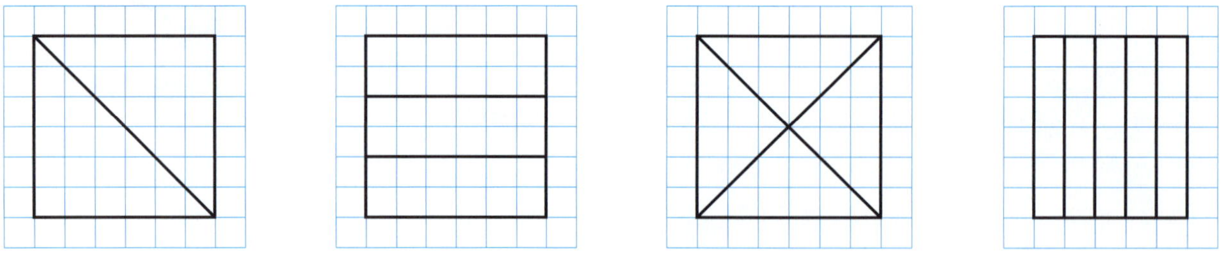

3 **Copia la figura y colorea.**

(azul) $\frac{2}{9}$ (rojo) $\frac{4}{9}$ (amarillo) $\frac{3}{9}$

4 **Escribe en tu cuaderno cómo se lee cada fracción.**

HAZLO ASÍ

$\frac{1}{2}$ ▶ un medio	$\frac{2}{3}$ ▶ dos tercios	$\frac{3}{4}$ ▶ tres cuartos	$\frac{4}{5}$ ▶ cuatro quintos
$\frac{1}{6}$ ▶ un sexto	$\frac{3}{7}$ ▶ tres séptimos	$\frac{5}{8}$ ▶ cinco octavos	$\frac{7}{9}$ ▶ siete novenos

- $\frac{1}{3}$
- $\frac{1}{4}$
- $\frac{2}{5}$
- $\frac{2}{6}$
- $\frac{4}{7}$
- $\frac{3}{8}$
- $\frac{5}{9}$

5 **Escribe las fracciones.**

- Dos cuartos.
- Tres quintos.
- Cuatro sextos.
- Cinco séptimos.
- Siete octavos.
- Seis novenos.

Problemas

6 **Resuelve.**

Álvaro preparó para su cumpleaños estas 3 pizzas y dividió cada una en las partes iguales que se indican:

- ¿Qué fracción representa un trozo de cada clase de pizza?
- Si de la pizza de queso se comieron siete octavos, ¿qué fracción de pizza quedó?

PENSAMIENTO

Pensad y comentad.

Eva se come la mitad del bizcocho, y su hermano, la mitad de lo que quedaba. ¿Qué fracción del bizcocho se ha comido su hermano?

Unidades decimales

1 unidad

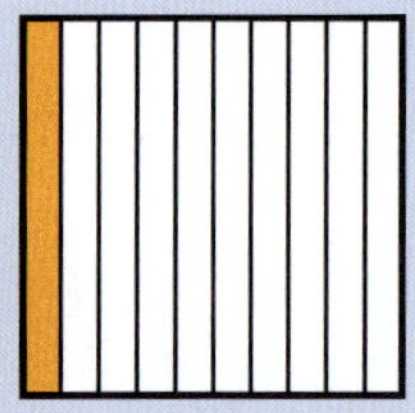

1 décima

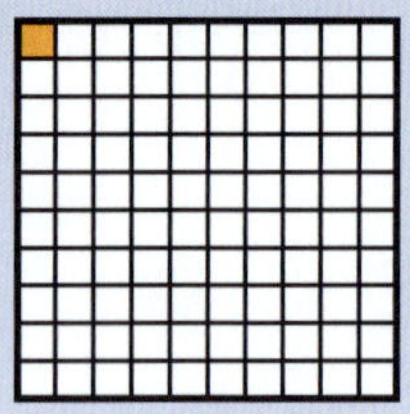

1 centésima

- La unidad tiene 10 partes iguales. Cada parte es una **décima**.

  1 décima se escribe: $\frac{1}{10}$ o 0,1.

  fracción ↗ ↖ decimal

- La unidad tiene 100 partes iguales. Cada parte es una **centésima**.

  1 centésima se escribe: $\frac{1}{100}$ o 0,01.

  fracción ↗ ↖ decimal

- 1 unidad tiene 10 **décimas**. 1 décima $= \frac{1}{10} = 0{,}1$.
- 1 unidad tiene 100 **centésimas.** 1 centésima $= \frac{1}{100} = 0{,}01$.

1 **Dibuja en tu cuaderno y colorea.**

- 2 décimas.
- 3 décimas.
- 4 décimas.

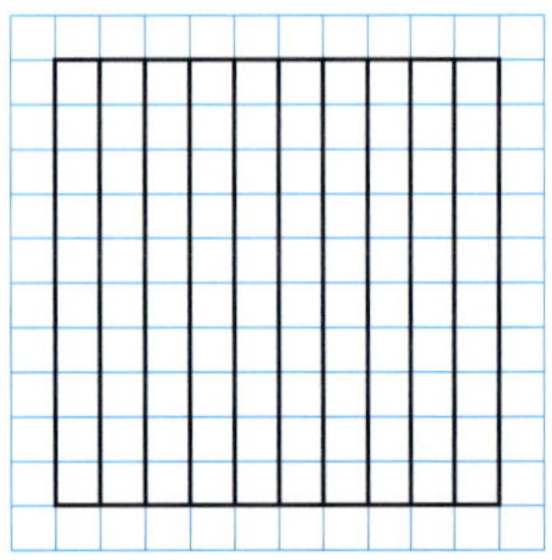

- 9 centésimas.
- 15 centésimas.
- 30 centésimas.

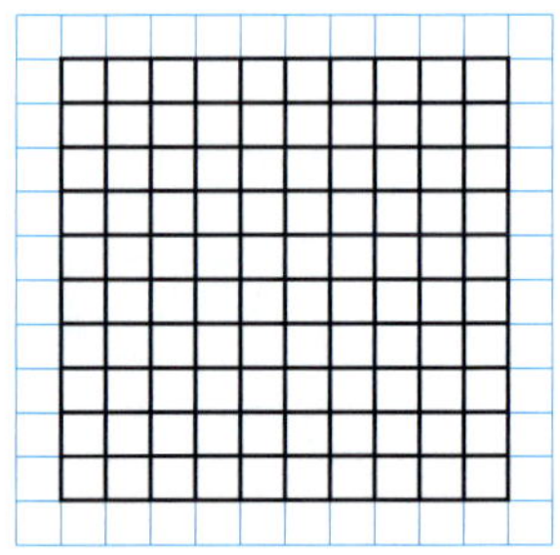

2 **Lee y escribe en forma decimal.**

HAZLO ASÍ

- 4 décimas $= \frac{4}{10} = 0{,}4$ ◂ Forma decimal
- 21 centésimas $= \frac{21}{100} = 0{,}21$ ◂ Forma decimal

- $\frac{2}{10}$
- $\frac{5}{10}$
- $\frac{7}{10}$
- $\frac{43}{100}$
- $\frac{68}{100}$
- $\frac{9}{100}$

3 **Observa la figura y contesta.**

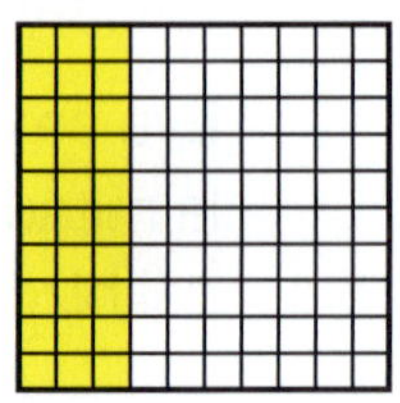

- ¿Cuántas centésimas hay coloreadas de amarillo? Escríbelo en forma de fracción.
- ¿Es igual 30 centésimas que 3 décimas?

Pablo saca el dinero de la hucha para comprar un regalo.

¿Cuánto dinero tiene en total?

Euros ▶ 5 + 2 = 7 Céntimos ▶ 50 + 20 + 5 = 75

7 € y 75 céntimos se escribe así: 7,75 € ▶ 7,75 es un **número decimal**.

Los números decimales tienen dos partes separadas por una coma:

- La parte entera, a la izquierda de la coma.
- La parte decimal, a la derecha de la coma.

1 ¿Cuánto dinero hay? Escríbelo en tu cuaderno utilizando un número decimal.

euros ▶ … céntimos ▶ …

Número decimal ▶ …

euros ▶ … céntimos ▶ …

Número decimal ▶ …

2 Copia la tabla en tu cuaderno y escribe cómo se lee y se descompone cada número decimal.

HAZLO ASÍ

	Parte entera		Parte decimal	
	Decenas D	**Unidades U**	**décimas d**	**centésimas c**
24,8 ▶	2	4 ,	8	
9,75 ▶		9 ,	7	5

- 24,8 se lee 24 unidades y 8 décimas.
  24,8 = 2 D + 4 U + 8 d = 20 + 4 + 0,8
- 9,75 se lee 9 unidades y 75 centésimas.
  9,75 = 9 U + 7 d + 5 c = 9 + 0,7 + 0,05

- 9,7
- 45,3
- 6,18
- 9,02
- 32,54
- 86,07
- 40,23
- 90,09

Comparación de números decimales

Sandra va a comprar una raqueta y estas son las dos que más le gustan. ¿Cuánto cuesta la raqueta más barata?

Compara 12,50 y 12,59

1.º Compara las partes enteras de los números.

12,50
12,59 ▶ 12 = 12

2.º Como las partes enteras son iguales, compara las décimas.

12,50
12,59 ▶ 5 = 5

3.º Como las décimas son iguales, compara las centésimas.

12,50
12,59 ▶ 0 < 9

Por tanto: 12,50 < 12,59 ▶ La raqueta más barata cuesta 12,50 €.

1 **Observa los números y contesta.**

- ¿Tienen los dos números igual la parte entera?
- ¿Qué número tiene mayor parte entera?
- ¿Qué número es mayor?

- ¿Tienen los dos números igual la parte entera?
- ¿Qué número tiene mayor la cifra de las décimas?
- ¿Qué número es mayor?

2 **Copia los números en tu cuaderno y rodea.**

El número mayor

- 2,34 y 5,91
- 54,06 y 45,65
- 8,67 y 8,15
- 24,99 y 24,91

El número menor

- 6,27 y 4,36
- 56,78 y 65,72
- 3,24 y 3,18
- 45,86 y 45,81

3 **Piensa y escribe tres números que sean mayores que 2,5 y que tengan como parte entera 2.**

4 **Compara en tu cuaderno y escribe el signo correspondiente.**

PRESTA ATENCIÓN

Un número con menos cifras decimales que otro puede ser mayor que él.

- 3,7 ◯ 6,12
- 9,32 ◯ 5,25
- 17,05 ◯ 17,1
- 23,41 ◯ 23,45
- 8,2 ◯ 8,9
- 6,3 ◯ 6,19
- 11,34 ◯ 11,29
- 52,7 ◯ 52,83

5 **Ordena cada grupo de números y utiliza el signo correspondiente.**

De menor a mayor

- 9,78   6,45   8,21
- 34,53   42,19   26,89
- 4,12   4,19   4,17
- 8,37   8,32   8,4

De mayor a menor

- 5,32   6,83   7,18
- 48,14   37,24   15,25
- 7,35   7,57   7,75
- 9,45   9,6   9,42

Problemas

6 **¿En qué caja pondrá Eva cada camiseta según su precio? Resuelve.**

Escribid con un número decimal el valor en euros de cada moneda.

¿Cómo es cada número, mayor o menor que 1? ¿Por qué?

PENSAMIENTO

Suma de números decimales

Hoy es el cumpleaños de Patricia y sus amigos le han comprado estos regalos. ¿Cuánto se han gastado en total?

Suma 12,99 + 8,50

1.º Coloca los números de forma que coincidan en columna las unidades del mismo orden.

	D	U	d	c
	1	2,	9	9
+		8,	5	0

2.º Suma como si fueran números naturales y escribe una coma en el resultado debajo de la columna de las comas.

	D	U	d	c
	1	2,	9	9
+		8,	5	0
	2	1,	4	9

En total se han gastado 21,49 €.

1 **Copia las sumas en tu cuaderno y calcúlalas.**

PRESTA ATENCIÓN

No olvides escribir la coma en cada resultado.

	D	U	d
	3	2,	1
+	4	6,	4

	D	U	d
	6	7,	4
+		9,	8

	D	U	d	c
	7	8,	3	7
+	1	9,	5	2

	D	U	d	c
	9	1,	2	5
+		9,	6	9

2 **Coloca los números y suma.**

- 4,6 + 7,9
- 64,2 + 21,8
- 31,5 + 9,4
- 76,85 + 8,59
- 16,32 + 76,28
- 9,96 + 24,75

3 **Resuelve.**

- En la frutería de Carlos hay una caja con 12,59 kilos de manzanas rojas y otra con 9,75 kilos de manzanas verdes. ¿Cuántos kilos de manzanas hay en total?
- Eva compra unos pantalones por 24,50 € y una camiseta por 9,85 €. ¿Cuánto dinero se gasta en total?

Resta de números decimales 9

Alberto tenía 18,65 €. Se compró un balón por 7,90 €.
¿Cuánto dinero le quedó?

Resta 18,65 – 7,90

1.º Coloca los números de forma que coincidan en columna las unidades del mismo orden.

	D	U	d	c
	1	8,	6	5
–		7,	9	0

2.º Resta como si fueran números naturales y escribe una coma en el resultado debajo de la columna de las comas.

	D	U	d	c
	1	8,	6	5
–		7,	9	0
	1	0,	7	5

A Alberto le quedaron 10,75 €.

1 **Copia y calcula en tu cuaderno.**

PRESTA ATENCIÓN

Coloca los números correctamente y escribe la coma en el resultado.

- 42,7 – 34,6
- 51,2 – 25,8
- 63,4 – 7,9
- 51,27 – 19,45
- 60,64 – 38,76
- 72,83 – 5,94

2 **Observa los precios y calcula.**

¿Cuánto cuesta?

- El juego de bolos menos que el monopatín.
- El balón de rugby menos que el juego de bolos.
- El monopatín más que el balón de rugby.

3 **Lee y calcula.**

¿Cuántas restas distintas puedes escribir usando los números de las tarjetas? Escríbelas y calcula en tu cuaderno.

32,56 | 40,94 | 7,48

COMPRUEBO MI PROGRESO

1 **Escribe la fracción que representa la parte coloreada de cada figura.**

2 **Copia la figura en tu cuaderno y colorea las fracciones que se indican.**

 ▶ $\frac{1}{8}$

 ▶ $\frac{2}{8}$

 ▶ $\frac{4}{8}$

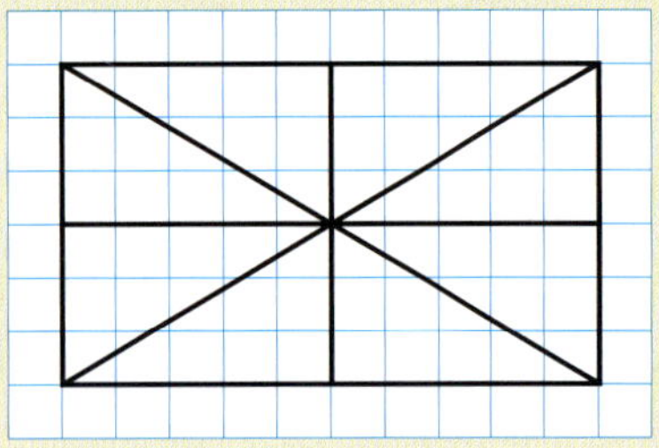

¿Qué fracción de la figura queda sin colorear?

3 **Escribe cómo se lee cada fracción.**

- $\frac{1}{4}$
- $\frac{3}{5}$
- $\frac{4}{6}$
- $\frac{3}{7}$
- $\frac{5}{8}$
- $\frac{8}{9}$

4 **Escribe las fracciones.**

- Dos cuartos.
- Dos tercios.
- Cinco sextos.
- Seis octavos.
- Un medio.
- Cuatro quintos.
- Tres séptimos.
- Dos novenos.

5 TIEMPO PARA HABLAR. **Explica con un ejemplo lo que significa cada término de una fracción.**

6 **Cuenta cuántas décimas o centésimas hay y completa en tu cuaderno.**

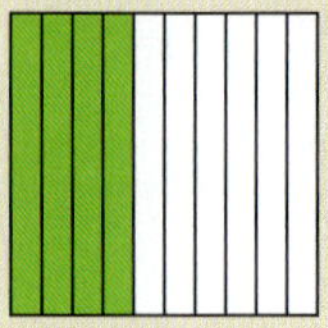

… décimas ▶ $\frac{\dots}{\dots}$

… décimas ▶ $\frac{\dots}{\dots}$

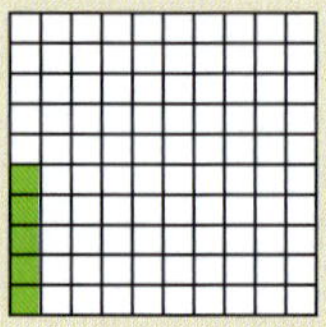

… centésimas ▶ $\frac{\dots}{\dots}$

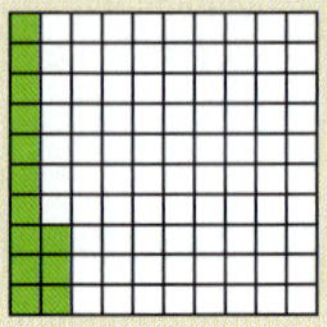

… centésimas ▶ $\frac{\dots}{\dots}$

7 **Escribe en forma de número decimal.**

- $\frac{5}{10}$
- $\frac{4}{100}$
- $\frac{37}{100}$

8 **Escribe cómo se lee y descompón cada número.**

- 1,3
- 12,9
- 0,67
- 45,06

9 **Compara y escribe el signo correspondiente.**

- 7,6 ◯ 8,6
- 5,7 ◯ 5,4
- 21,8 ◯ 21,93
- 5,14 ◯ 7,15
- 8,54 ◯ 8,51
- 13,65 ◯ 13,7

10 **Coloca los números y calcula.**

- 16,8 + 25,6
- 37,14 + 24,35
- 52,86 + 8,37
- 74,9 − 41,6
- 20,27 − 19,32
- 61,53 − 9,68

- Ordena los resultados de las sumas de menor a mayor.
- Ordena los resultados de las restas de mayor a menor.

Problemas

11 Observa la tabla con las temperaturas máxima y mínima en Valcotos y resuelve.

	T. máxima	T. mínima
Sábado	20 grados y 2 décimas	11 grados y 8 décimas
Domingo	18 grados y 7 décimas	17 grados y 5 décimas

¿Qué diferencia hubo entre la temperatura máxima y mínima cada día?

12 Resuelve.

- El año pasado, Eduardo pesaba 35,8 kg. Este año ha crecido y pesa 1,4 kg más. ¿Cuántos kilos pesa Eduardo este año? ¿Pesa más o menos de 36 kg?
- En el pueblo de Marta hay una torre de 72,45 m de altura y un mirador nuevo que mide 94,75 m. ¿Cuántos metros mide el mirador más que la torre?

13 Observad los precios y resolved.

Antes ▶ 35,50 €
Ahora ▶ 29,90 €

Antes ▶ 14,99 €
Ahora ▶ 9,50 €

Antes ▶ 24,90 €
Ahora ▶ 21,99 €

- Lucía compra un bolso y un cinturón. ¿Cuánto le han costado?
- ¿Cuánto han rebajado cada artículo que aparece en el folleto?
- Antes de las rebajas, Patricia compró un bolso y unas deportivas. ¿Cuánto dinero menos cuestan el bolso y las deportivas ahora?

¿CÓMO LO HE HECHO? Responde en tu cuaderno.

- ¿Sé representar fracciones?
- ¿Comparo números decimales?
- ¿Calculo sumas y restas con números decimales?

Pon nota a tu trabajo en esta unidad.

Recubrir una terraza

Alejandro y su familia han arreglado la terraza de su casa. Han cubierto una zona con placas de césped, otra con baldosas y una última con tierra para plantar rosales.

1 Observa el plano de la terraza y escribe.

- La fracción y el número decimal que representa la parte de la terraza cubierta de césped.
- La fracción y el número decimal que representa la parte de la terraza destinada a plantar rosales.
- La fracción y el número decimal que representa la parte de la terraza cubierta con baldosas.
- Ordena de mayor a menor los números decimales que expresan las partes en las que se ha dividido la terraza.

2 Resolved.

- Alejandro y su familia han pagado 20 € por cada parte de césped. ¿Cuánto les ha costado en total el césped de la terraza?
- Las zonas de las baldosas han costado 350,75 € en total, y la zona de los rosales, 297,83 €. ¿Cuánto han pagado en total por el arreglo de la terraza?
- ¿Cuánto se habrían ahorrado si hubieran puesto césped en toda la terraza?
- Copiad el plano de la terraza dividida en 10 partes iguales y dibujad otro diseño distinto al de Alejandro.

Juega con las fracciones

Material: Círculos de fracciones.

Número de participantes: 5

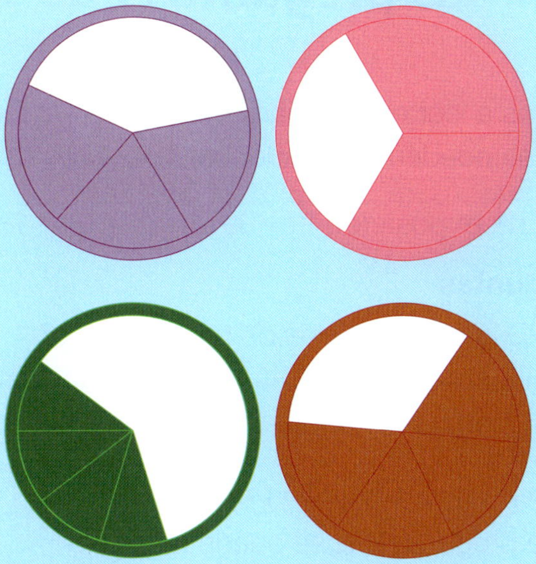

Reglas del juego:

Por turnos, un participante, sin que los demás le vean, elige un círculo del color que quiera. Quita varias partes del círculo y se lo muestra a sus compañeros y compañeras por la parte en la que no aparecen las fracciones.

Por turnos, deberán adivinar qué fracción del círculo ha eliminado y qué fracción queda.

El primer jugador o jugadora que acierte obtiene 1 punto.

Vence el participante que primero consiga 6 puntos.

1 Escribid las fracciones que se han quitado y que quedan en los círculos de arriba.

Retos matemáticos

Sin paraguas

A mi padre, que iba sin paraguas ni sombrero, le cayó ayer un chaparrón, que le empapó. Trajo toda la ropa mojada, pero, pese a que llevaba la cabeza descubierta, no se mojó ni un solo pelo. ¿Cómo puede ser?

El mismo dinero

Benito y Jacinto tienen el mismo dinero. ¿Cuánto le tiene que dar Benito a Jacinto para que este tenga 10 € más que él?

Solución de problemas

Elegir las preguntas que se pueden responder

Vamos a leer el enunciado del problema. Después, elegiremos las preguntas que se pueden responder con los datos del enunciado.

En una exposición hay 39 esculturas y 18 cuadros.

Preguntas

A. ¿Cuántos cuadros de paisajes hay?
B. ¿Cuántas esculturas más que cuadros hay?
C. ¿Cuántas obras de arte hay en total?

▶ La pregunta A no se puede resolver.

La pregunta B sí se puede resolver.

39 − 18 = 21

Solución: Hay 21 esculturas más que cuadros.

La pregunta C sí se puede resolver.

39 + 18 = 57

Solución: Hay 57 obras de arte en total.

1 **¿Qué preguntas puedes responder a partir del enunciado? Escríbelas en tu cuaderno y halla su solución.**

- Para una fiesta se hicieron 35 bocadillos de chorizo y 46 bocadillos de salchichón. Al final sobraron 17 bocadillos.

  Preguntas

  A. ¿Cuántos bocadillos de chorizo sobraron?
  B. ¿Cuántos bocadillos de salchichón más que de chorizo se hicieron?
  C. ¿Cuántos bocadillos se comieron en total?

- A una excursión se apuntaron 36 hombres y 47 mujeres. Al final fueron 32 hombres y 44 mujeres.

  Preguntas

  A. ¿Cuántos hombres no fueron a la excursión?
  B. ¿Cuántas mujeres más que hombres fueron?
  C. ¿Cuántas personas no fueron a la excursión?
  D. ¿Cuántas personas fueron a la excursión?
  E. ¿Cuántos hombres más que mujeres no hicieron fotos?

1 **Completa la descomposición de cada número. Después, ordénalos de menor a mayor.**

2 **Completa las series.**

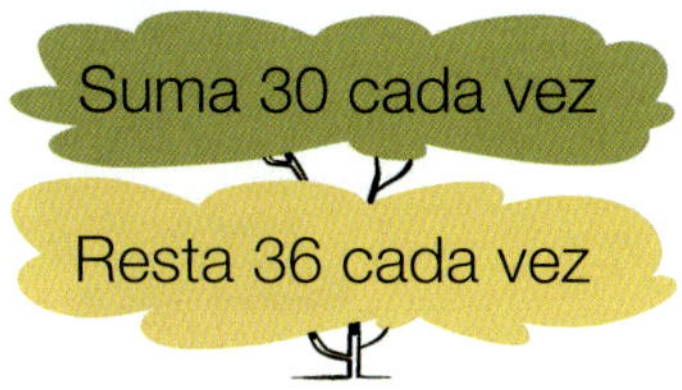

275, 305, ..., hasta 425.

975, 939, ..., hasta 723.

3 **Calcula el término que falta.**

- ● + 235 = 500
- 785 + ● = 1.300
- ● − 127 = 590
- 750 − ● = 328

4 **Completa la tabla en tu cuaderno.**

a. 432 : 4
b. 627 : 5
c. 4.850 : 2
d. 5.161 : 3

	a.	b.	c.	d.
Dividendo				
divisor				
cociente				
resto				

Haz la prueba de cada división.

5 **Completa el nombre del polígono y el número de lados y vértices.**

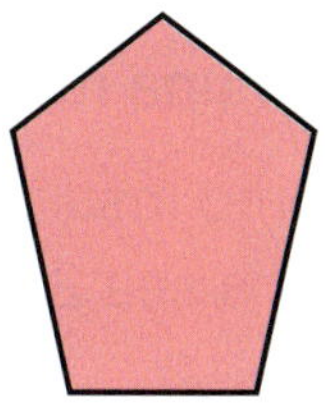

Problemas

6 Eva tiene un juego de construcción de 150 piezas. Ha hecho un barco con 42 piezas rojas y 19 verdes. ¿Cuántas piezas no ha usado?

7 Esta mañana, Alfredo ha hecho en su pastelería 25 bandejas con 19 tortas cada una. ¿Cuántas tortas ha hecho en total?

8 Hoy, la profesora de Educación Física ha formado 6 grupos de alumnos y alumnas y ha repartido 174 cintas de colores en partes iguales entre los grupos. ¿Cuántas cintas dará a cada grupo?

9 Virginia compra 5 sillas iguales a 65 € cada una y un sofá por 245 €. ¿Cuánto cuestan en total las sillas y el sofá?

10 Samuel ha ido al banco a pagar una factura. Ha entregado 15 billetes de 20 € y le han devuelto 3 €. ¿Cuál era el importe de la factura?

11 En una fábrica de calzado trabajan un total de 360 personas. Un tercio son mujeres y el resto, hombres. ¿Cuántos hombres trabajan en la fábrica?

12 Borja pesa 60 kilos y su hijo pesa la mitad que él. ¿Cuántos kilos pesan entre los dos?

Antes de empezar

Cálculo mental

Suma 21 a números de dos cifras: primero suma 20 y después suma 1

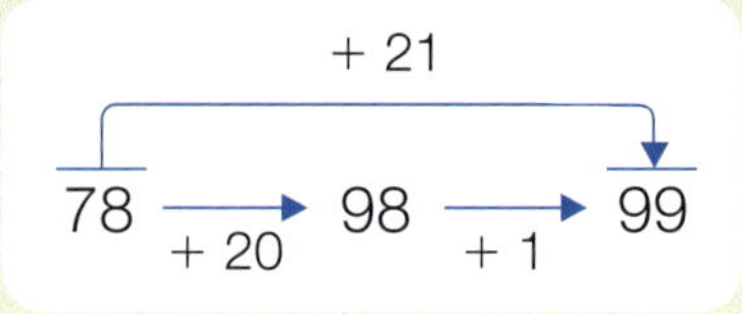

15 + 21   57 + 21
28 + 21   69 + 21
34 + 21   82 + 21

Resta 21 a números de dos cifras: primero resta 20 y luego resta 1

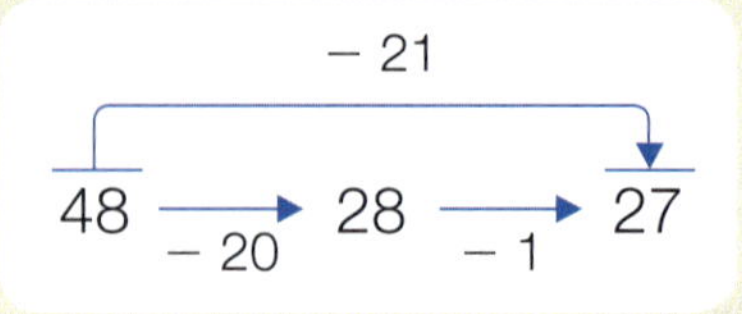

26 − 21   53 − 21
38 − 21   89 − 21
41 − 21   90 − 21

Un número, una suma o una resta

Escribe el número 87 como resultado de una suma o una resta donde uno de los términos sea 21.

Pequeños problemas

Calcula mentalmente

1. En la ferretería hay 44 botes de pintura roja. De pintura verde, hay 21 botes menos que de pintura roja. ¿Cuántos botes de pintura verde hay?
2. Ayer se sacaron 68 libros de la biblioteca. Hoy se han sacado 21 más. ¿Cuántos libros se han sacado hoy?

¿Qué sabes ya?

Largo ▶ 4 cm
Ancho ▶ 2 cm

El centímetro

Para medir longitudes pequeñas usamos la regla.
Las longitudes pequeñas las expresamos en centímetros.

1 centímetro se escribe así: 1 cm.

El kilo

Para expresar la masa de las cosas utilizamos el kilo o kilogramo.

1 kilo se escribe así: 1 kg.

Un paquete de garbanzos pesa 1 kg.

El litro

Para expresar el líquido que hay en un recipiente utilizamos el litro.

1 litro se escribe así: 1 ℓ.

Un paquete de leche contiene 1 ℓ.

1. **Dibuja en tu cuaderno un segmento que mida 5 cm y otro de 9 cm.**

2. **¿Pesa más o menos de un kilo?**
   - manzana
   - mesa
   - lápiz
   - bicicleta

3. **¿Cabe más o menos de un litro?**
   - taza
   - bidón
   - biberón
   - cubo

10 Unidades de medida

Tiempo para hablar

- Míriam es veterinaria. En un estante tiene en fila 29 frascos que miden 4 cm de ancho cada uno. La longitud del estante, ¿es mayor o menor de 1 m?
- Tiene 4 cobayas y sabe que hay una que pesa más que las otras 3, que pesan igual. Si usa una balanza, ¿cómo puede saber cuál es con el menor número de pesadas?
- Explica qué instrumentos de medida utilizarías para medir longitudes y pesar objetos, y cómo lo harías.

SABER HACER

Planificar envíos.

El metro y el centímetro

Para medir la longitud de objetos grandes o distancias pequeñas utilizamos el **metro**.

El paraguas de Laura mide un metro de largo.

1 metro se escribe así: 1 m.

El **centímetro** es una unidad de longitud menor que el metro.

La abeja mide 1 cm.

1 metro es igual a 100 centímetros.

1 m = 100 cm

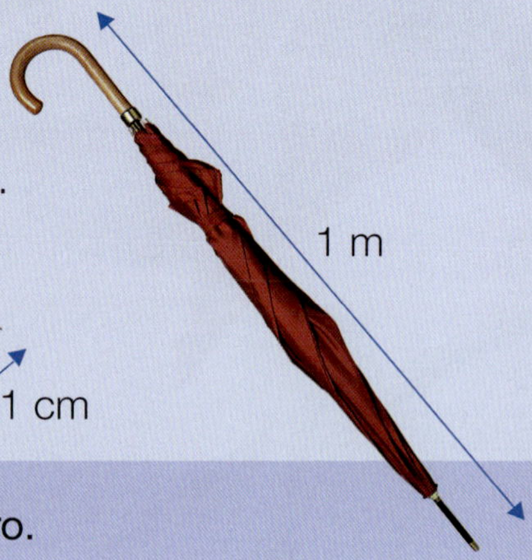

El centímetro es una unidad de longitud menor que el metro.

Un metro es igual a 100 centímetros. 1 m = 100 cm

1 Utiliza la regla y escribe cuántos centímetros mide cada pintura.

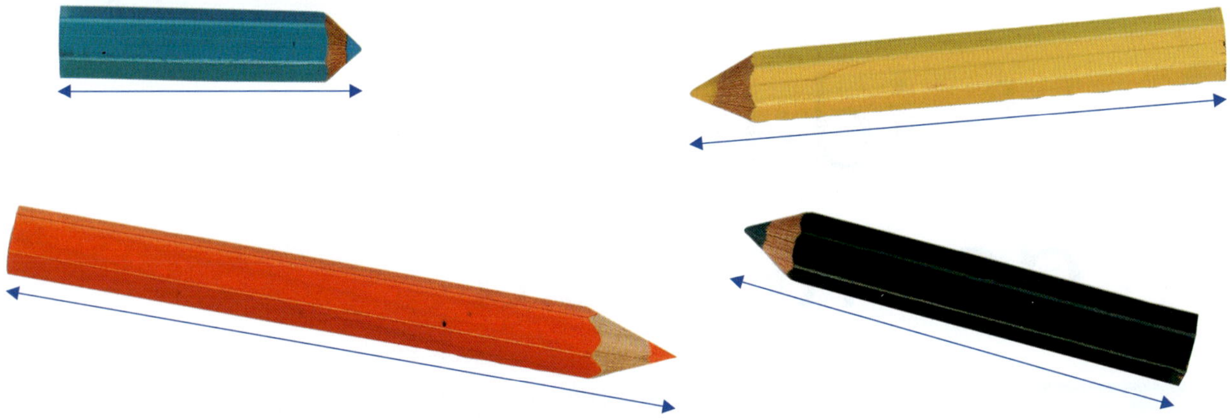

2 Copia y completa en tu cuaderno.

- 2 m = … cm
- 4 m = … cm
- 20 m = … cm
- 70 m = … cm
- 58 m = … cm
- 63 m = … cm

3 Expresa cada medida en centímetros.

HAZLO ASÍ

2 m y 38 cm

▼ ▼

200 cm + 38 cm = 238 cm

- 2 m y 24 cm
- 3 m y 35 cm
- 4 m y 47 cm
- 5 m y 51 cm
- 6 m y 3 cm
- 7 m y 80 cm
- 8 m y 1 cm
- 9 m y 90 cm

4 **Observa el ejemplo y expresa en metros.**

EJEMPLO 300 cm = 3 m
: 100

- 200 cm = … m
- 400 cm = … m
- 500 cm = … m
- 700 cm = … m
- 800 cm = … m
- 900 cm = … m

Problemas

5 **Expresa todas las cantidades en una misma unidad y resuelve.**

- Laura quiere poner un marco de madera a una lámina que mide 1 m de largo y 45 cm de ancho. ¿Cuántos centímetros de listón necesita?
- Jaime mide 1 metro y 25 centímetros. Su amiga Rocío mide 30 centímetros menos. ¿Cuántos centímetros mide Rocío?
- Un coche mide 4 m y 45 cm y lleva enganchado un remolque que mide 1 m y 25 cm. ¿Cuántos centímetros miden en total?

6 **Lee y elige las dos cuerdas que ha podido unir Natalia.**

Natalia ha unido dos de estas cuerdas y ha conseguido una cuerda de más de 2 m.

73 cm

45 cm

89 cm

1 m y 15 cm

79 cm

Pensad y contestad.

Un caracol está subiendo por una pared que mide 4 m de altura. Cada día sube 250 cm y por la noche resbala 2 m. Si comenzó a subir el lunes, ¿qué día terminará de subir?

PENSAMIENTO

El milímetro

Para medir longitudes muy pequeñas utilizamos una unidad de longitud menor que el centímetro: el **milímetro**.

- 1 centímetro son 10 milímetros.

  1 milímetro se escribe así: 1 mm.

  1 cm = 10 mm

- ¿Cuántos milímetros mide el clip?

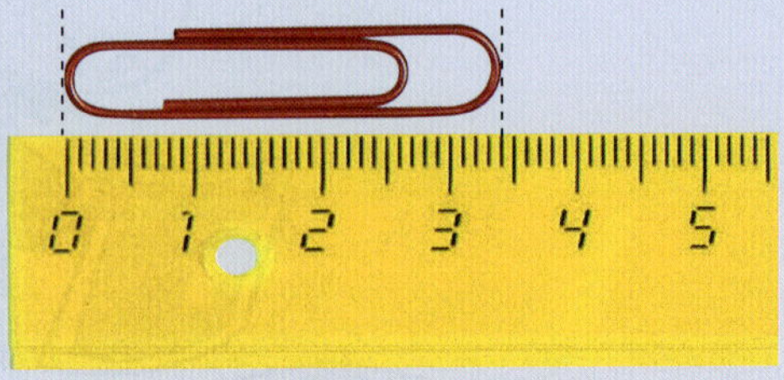

El clip mide 3 centímetros y 4 milímetros.

3 cm y 4 mm

▼ ▼

30 mm + 4 mm = 34 mm

El clip mide 34 milímetros.

El milímetro es una unidad de longitud menor que el centímetro.

Un centímetro es igual a 10 milímetros. 1 cm = 10 mm

1 **Mide con la regla y completa la tabla en tu cuaderno.**

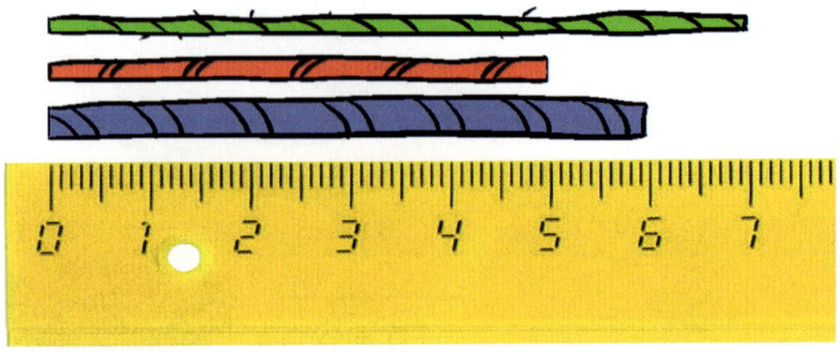

	Longitud en cm	Longitud en mm

2 **Lee y contesta.**

Carlos le dice a su amiga Nuria: «Tengo un lápiz de 7 mm de largo». ¿Es posible lo que dice Carlos? ¿Por qué?

3 **Copia y completa en tu cuaderno.**

EJEMPLOS

5 cm y 3 cm = 53 mm

98 mm = 9 cm y 8 mm

- 2 cm y 5 mm = … mm
- 7 cm y 4 mm = … mm
- 6 cm y 2 mm = … mm
- 39 mm = … cm y … mm
- 46 mm = … cm y … mm
- 83 mm = … cm y … mm

Emilio y Mara han dado un paseo cerca del río. Del puente a la laguna han recorrido 1.000 metros, es decir, 1 kilómetro.

Para medir distancias grandes utilizamos el **kilómetro**.

1 kilómetro es igual a 1.000 metros.

1 kilómetro se escribe así: 1 km.

1 km = 1.000 m

El kilómetro es una unidad de longitud mayor que el metro.

Un kilómetro es igual a 1.000 metros. 1 km = 1.000 m

1 Expresa en metros.

- 4 km
- 5 km
- 65 km
- 73 km
- 3 km y 5 m
- 5 km y 46 m
- 7 km y 59 m
- 9 km y 186 m

2 Observa el dibujo y resuelve en tu cuaderno.

Luis, Pablo, Lucía y Eva son amigos y viven cerca.

- ¿A cuántos metros vive cada pareja de amigos?

Eva y Lucía ▶ …

Luis y Eva ▶ …

Luis y Pablo ▶ …

Pablo y Lucía ▶ …

- Hoy, Luis ha ido desde su casa a la casa de Pablo. Desde allí han ido juntos a la casa de Lucía. ¿Cuántos metros ha recorrido Luis?

El kilogramo y el gramo

La unidad principal de masa es el **kilogramo** o **kilo**.

Para expresar la masa de objetos que pesan poco utilizamos una unidad menor que el kilogramo, el **gramo**.

Un lápiz pesa 8 gramos aproximadamente.

1 kilogramo es igual a 1.000 gramos.

1 gramo se escribe así: 1 g.

1 kg = 1.000 g

El gramo es una unidad de medida de masa menor que el kilogramo.

Un kilogramo es igual a 1.000 g. 1 kg = 1.000 g

1 Observa y contesta.

800 g

1 kg

1.200 g

- ¿Qué producto pesa 1 kilo? ¿Cuántos gramos son?
- ¿Qué producto pesa menos de un kilo? ¿En qué unidad está indicado su peso?
- ¿Qué producto pesa más de un kilo? ¿Cuántos gramos más?

2 Copia y completa en tu cuaderno.

EJEMPLOS

4 kg = 4.000 g (× 1.000)

8.000 g = 8 kg (: 1.000)

- 3 kg = … g
- 6 kg = … g
- 11 kg = … g
- 2.000 g = … kg
- 5.000 g = … kg
- 15.000 g = … kg

3 Calcula y completa en tu cuaderno.

- 2 kg y 3 g = … g
- 4 kg y 5 g = … g
- 7 kg y 96 g = … g
- 10 kg y 815 g = … g
- 5.009 g = … kg y … g
- 6.208 g = … kg y … g
- 7.040 g = … kg y … g
- 20.300 g = … kg y … g

4 ¿En qué unidad expresarías cada peso? Escribe *gramo* o *kilogramo*.

- El peso de un lápiz. ▶ …
- El peso de una vaca. ▶ …
- El peso de un bocadillo. ▶ …
- El peso de una camiseta. ▶ …
- El peso de una ciruela. ▶ …
- El peso de una maleta llena. ▶ …

Problemas

5 Calcula en cada caso cuántos gramos son.

RECUERDA

1 kg = 1.000 g

Medio kilo

1.000 : 2 = …

Medio kilo = … g

Cuarto de kilo

1.000 : 4 = …

Un cuarto de kilo = … g

- 3 kilos y medio = … g
- 7 kilos y medio = … g
- 6 kilos y medio = … g
- 12 kilos y medio = … g

EJEMPLOS

1 kilo y medio = 1.000 g + 500 g = … g

1 kilo y cuarto = … g + 250 g = … g

6 Calcula y contesta en tu cuaderno.

Para hacer un bizcocho de limón, Nuria necesita 25 g de yogur de limón, 50 g de azúcar y 75 g de harina.

- ¿Cuánto yogur necesita Nuria para poder cocinar 10 bizcochos? ¿Y 20 bizcochos?
- ¿Cuánto azúcar necesita para 20 bizcochos? ¿Y para 30 bizcochos?
- ¿Cuánta harina necesita para hacer 20 bizcochos? ¿Y si hace 40 bizcochos?

PENSAMIENTO

Piensa y contesta.

En un plato de la balanza hay un ladrillo, y en el otro, medio ladrillo y una pesa de 1 kilo. Como están en equilibrio, significa que pesan lo mismo. ¿Cuánto pesa un ladrillo y medio?

El litro y el centilitro

La unidad principal de capacidad es el **litro**.

1 litro se escribe así: 1 ℓ.

Para medir la capacidad de recipientes pequeños utilizamos unidades menores que el **litro**.

El **centilitro** es una unidad de capacidad menor que el litro.

1 litro es igual a 100 centilitros.

1 centilitro se escribe así: 1 cl.

1 ℓ = 100 cl

El centilitro es una unidad de capacidad menor que el litro.

Un litro es igual a 100 centilitros. 1 ℓ = 100 cl

1 **Expresa en centilitros.**

- 5 ℓ
- 6 ℓ
- 2 ℓ y 34 cl
- 5 ℓ y 68 cl
- 4 ℓ
- 7 ℓ
- 3 ℓ y 56 cl
- 9 ℓ y 94 cl

2 **Ordena las capacidades de mayor a menor. Expresa primero cada grupo de capacidades en una misma unidad.**

3 **Calcula en cada caso cuántos centilitros son.**

RECUERDA

1 ℓ = 100 cl

Medio litro

100 : 2 = …

Medio litro = … cl

Cuarto de litro

100 : 4 = …

Un cuarto de litro = … cl

- 1 ℓ y medio
- 2 ℓ y medio
- 3 ℓ y cuarto
- 4 ℓ y cuarto
- 1 ℓ y cuarto
- 3 ℓ y medio
- 4 ℓ y medio
- 5 ℓ y medio

Problemas

4 Resuelve.

- Merche tiene una jarra con un litro de leche. Ha llenado un vaso de 25 centilitros. ¿Cuántos centilitros de leche quedan en la jarra?
- En el supermercado hay oferta de zumos. Alfredo compra 3 botellas de 1 litro y 2 cartones de 50 centilitros. ¿Cuántos litros de zumo compra Alfredo?

- Con el agua de un depósito se han llenado 3 bidones de 5 litros y 8 botellas de medio litro cada una. ¿Cuántos centilitros de agua había en el depósito?
- Maite rellena, con el aceite de un depósito, un bidón de 3 ℓ y 3 botellas de un cuarto de litro. ¿Cuántos centilitros ha sacado Maite del depósito?

5 ¿Cuánto cuesta un cuarto de litro de cada bebida? Observa y calcula.

PRESTA ATENCIÓN

1 litro = 2 medios litros = 4 cuartos de litro

Medio litro = 2 cuartos de litro

Medio litro: 60 céntimos

Tres cuartos de litro: 90 céntimos

Un litro: 80 céntimos

PENSAMIENTO

Piensa y contesta.

Victoria quiere pegar en cada recipiente la etiqueta de su capacidad. Los ha medido y ha visto que todos tienen la misma altura. ¿Qué etiqueta le corresponde a cada recipiente?

- Cuarto de litro
- Medio litro
- 1 litro
- 1 litro y medio

COMPRUEBO MI PROGRESO

1 **Mide y calcula la medida en centímetros de cada línea.**

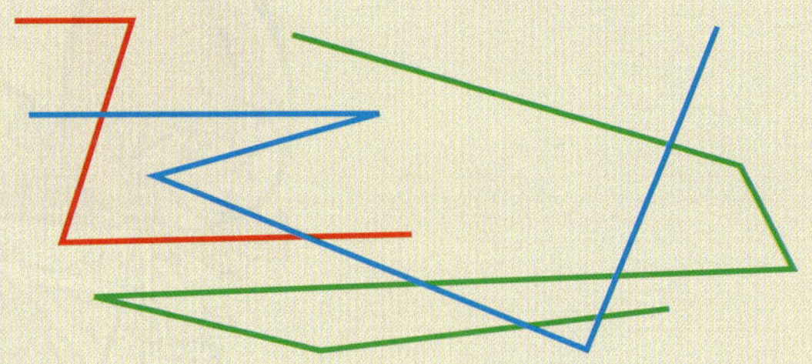

- ... cm + ... cm +... cm = ... cm
- ... cm + ... cm +... cm +... cm = ... cm
- ... cm + ... cm +... cm +... cm = ... cm

¿Cuántos milímetros mide cada línea?

2 **Razona en tu cuaderno si la medida te parece correcta o no.**

- Un mueble de 3 cm de alto.
- Un coche de 4 m de largo.
- Un árbol de 2 km de alto.
- Un río de 10 m de largo.
- Una torre de 15 m de alto.
- Un brazo de 1 cm de largo.

3 **¿En qué unidad expresarías cada peso? Escribe *gramo* o *kilogramo*.**

- El peso de un rotulador.
- El peso de una bicicleta.
- El peso de un frigorífico.
- El peso de un cuaderno.
- El peso de un televisor.

4 TIEMPO PARA HABLAR. **¿Qué tarro de cada pareja tiene más capacidad? Explica por qué.**

5 **Calcula y expresa en la unidad que se indica.**

Medios kilos

- 2 kg
- 3 kg
- 1 kg y medio
- 2 kg y medio

Cuartos de kilo

- 2 kg
- 3 kg
- 1 kg y medio
- 2 kg y cuarto

6 **Calcula y contesta en tu cuaderno.**

- ¿Cuántas botellas de medio litro se pueden llenar con 2 litros de agua? ¿Y con 6 litros?
- ¿Cuántas botellas de un cuarto de litro se pueden llenar con 3 litros de agua? ¿Y con 4 litros? ¿Y con 2 botellas de medio litro?

7 **Expresa en la unidad indicada.**

En centímetros

- 2 m y 25 cm
- 4 m y 6 cm
- 80 mm
- 120 mm

En metros

- 2 km y 125 m
- 3 km y 23 m
- 4 km y 80 m
- 6 km y 9 m

En centilitros

- 1 ℓ y 34 cl
- 3 ℓ y 18 cl
- 6 ℓ y 50 cl
- 9 ℓ y 3 cl

En gramos

- 3 kg y 125 g
- 5 kg y 97 g
- 6 kg y 30 g
- 7 kg y 8 g

Problemas

8 Resuelve.

Tres amigos han hecho un campeonato de saltos.

	Salto de longitud
María	1 m y 35 cm
Leonor	1 m y 19 cm
Pablo	2 m y 5 cm

- ¿Cuántos centímetros ha alcanzado cada uno en su salto? ¿Quién ha saltado más? ¿Y menos?
- ¿Cuántos centímetros le han faltado a Leonor para alcanzar los 2 m?

9 Resuelve.

Hoy, Jaime ha puesto en su tienda de embutidos muchas ofertas.

Cuarto kg: 7 € | Medio kg: 6 € | 1 kg: 30 €

- ¿Cuánto cuesta 1 kg de queso? ¿Y 1 kg de salchichón?
- ¿Cuánto cuesta 1 kg y cuarto de salchichón?
- ¿Cuánto cuesta 1 kg y medio de fiambre de pavo?
- Pablo compra un cuarto de queso y paga con 5 €. ¿Cuánto le devuelven?

10 Lee la lista de ingredientes y resuelve.

TARTA DE CHOCOLATE Y QUESO

INGREDIENTES

200 g de galletas
50 g de mantequilla
25 g de cacao
150 g de queso
Un cuarto de litro de leche
Medio litro de nata

Hoy es el cumpleaños de Patricia y, para invitar a sus amigos y amigas, su madre ha hecho una gran tarta.

- ¿Cuántos kilogramos de galletas se necesitarán para hacer 5 tartas?
- ¿Qué cantidad de nata se utilizará para hacer 2 tartas?
- ¿Es suficiente medio kilo de cacao para hacer 12 tartas?

¿CÓMO LO HE HECHO? **Responde en tu cuaderno.**

- ¿Conozco las equivalencias entre unidades de longitud?
- ¿Manejo bien las unidades de capacidad y de masa?
- ¿Sé resolver problemas con unidades de medida?

Pon nota a tu trabajo en esta unidad.

Planificar envíos

En el parque nacional necesitan mucha comida para todos los animales. Algunos alimentos son llevados al parque en contenedores por una empresa de transporte. Estos son los contenedores que recibe el parque nacional cada día.

1 **Observa y contesta.**

- ¿Qué contenedores tienen que pagar suplemento?
- ¿Cuántos gramos en total pesan los dos contenedores más pesados?
- ¿Cuántos gramos le faltan al contenedor azul para pesar 23 kg?
- ¿Cuántos gramos le faltan al contenedor rojo para pesar 25 kg?
- ¿Cuánto tiene que pagar el parque nacional en total por todos los contenedores?

2 **Resolved.**

Una empresa de transportes hace una oferta al parque nacional con otros precios para el transporte de contenedores.

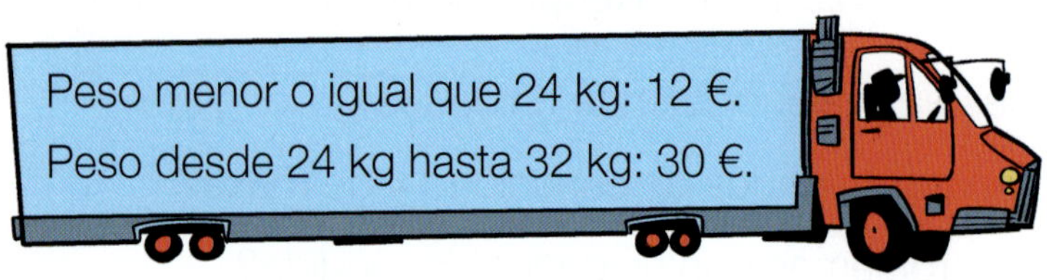

¿Cuánto cuesta el envío diario de todos los contenedores con esta empresa? ¿Es una buena oferta?

Juega con las medidas

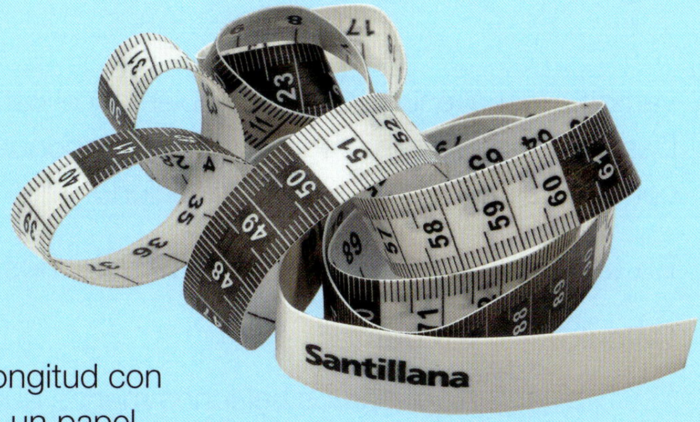

Material: Cintas métricas.
Lápiz y papel.

Número de participantes: 5

Reglas del juego:

Por turnos, un participante, sin que los demás le vean, elige un objeto de la clase y mide su longitud con la cinta métrica. Después, anota su medida en un papel.

El resto de jugadores hacen una estimación, en metros y/o centímetros, de la longitud que ha medido su compañero y la escriben en un papel.

Todos a la vez muestran el papel con la estimación y la comparan con la medida que ha apuntado el participante que ha medido con la cinta.

Obtiene 1 punto el jugador o jugadora que más se acerque con su estimación a la medida exacta.

Vence el jugador o jugadora que primero consiga 6 puntos.

1 Indicad quién se ha acercado más al hacer su estimación si la medida exacta era 1 m y 28 cm.

Retos matemáticos

El adivino del fútbol

Félix Morón es un famoso personaje que dice adivinar el futuro. Una de sus mayores proezas es predecir el número de goles de cualquier partido de fútbol antes de que comience el encuentro. Nunca ha fallado. ¿Cómo es posible que acierte siempre?

Calcetines

Un cajón está lleno de calcetines azules y verdes. ¿Cuántos hay que sacar sin mirar para estar seguros de haber sacado un par del mismo tipo?

Solución de problemas

Elegir la pregunta que se responde con unos cálculos

Vamos a leer el enunciado del problema y el cálculo dado. Después, elegimos la pregunta que se responde con ese cálculo y escribimos la solución.

En un vivero hay 45 palmeras y 19 helechos.

Cálculo

$$\begin{array}{r} 45 \\ +19 \\ \hline 64 \end{array}$$

Preguntas

A. ¿Cuántos helechos menos que palmeras hay?

B. ¿Cuántas palmeras más que helechos hay?

C. ¿Cuántos helechos y palmeras hay en total?

▶ La pregunta que se responde con la suma dada es la C.
Solución: En total hay 64 helechos y palmeras.

1 **¿Qué pregunta se responde con el cálculo dado? Elígela y escribe la solución.**

- Marcos tiene 80 botes de pintura. Laura tiene 23.

Cálculo

$$\begin{array}{r} 80 \\ -23 \\ \hline 57 \end{array}$$

Preguntas

A. ¿Cuántos botes tiene Marcos menos que Laura?

B. ¿Cuántos botes tiene Laura menos que Marcos?

C. ¿Cuántos botes tienen entre los dos?

- Marta tenía 86 flores. Las puso en jarrones colocando 8 flores en cada uno.

Cálculo

$$\begin{array}{r|l} 86 & 8 \\ \cline{2-2} 06 & 10 \end{array}$$

Preguntas

A. ¿Cuántos jarrones utilizó?

B. ¿Cuántas flores colocó?

C. ¿Cuántas flores eran claveles?

- Un aparcamiento tiene 5 plantas. En cada una hay 97 coches y 16 motos.

Cálculo

$$\begin{array}{r} 16 \\ \times 5 \\ \hline 80 \end{array}$$

Preguntas

A. ¿Cuántos vehículos hay en el aparcamiento?

B. ¿Cuántos coches más que motos hay?

C. ¿Cuántas motos hay en el aparcamiento?

1 **Escribe con cifras.**

- Tres números cuya cifra de las centenas es 9.
- Tres números cuya cifra de las unidades de millar es 5.
- Tres números cuya cifra de las decenas de millar es 7.

2 **Observa los números y escribe.**

- Los números cuya decena más próxima es 60.
- Los números cuya centena más próxima es 300.
- Los números cuyo millar más próximo es 7.000.

3 **Calcula.**

- 2.765 × 4
- 4.320 × 16
- 6.218 × 38
- 1.824 : 6
- 6.240 : 8
- 4.869 : 9

4 **Escribe con letras o números cada fracción.**

- $\frac{1}{2}$
- $\frac{2}{3}$
- $\frac{1}{4}$
- $\frac{3}{5}$
- Dos séptimos.
- Cuatro octavos.
- Tres novenos.
- Seis décimos.

5 **Di cuántos vértices y lados tiene cada celda del panal. ¿Qué forma tiene?**

Problemas

6 Para su fiesta de cumpleaños, Sandra compró una bolsa con 45 globos y otra con 25. Al inflarlos se explotaron 18 globos. ¿Cuántos quedaron?

7 Miguel tiene un depósito con 75 litros de aceite y un bidón con 15 litros. El total de litros lo envasa en botellas de 2 litros cada una. ¿Cuántas botellas llena?

8 A la biblioteca del colegio han llegado 25 cajas con 8 libros cada una y otra caja con 12 libros. ¿Cuántos libros en total han llegado a la biblioteca?

9 Eva compra un chándal con 9 cheques regalo de 15 € cada uno y 3 € más. ¿Cuál es el precio del chándal?

10 En un supermercado hay un contenedor con 125 botes de mermelada. Deben colocarlos en 6 estanterías en partes iguales. Se retiran 17 botes que están rotos. ¿Cuántos botes se pondrán en cada estantería?

11 En la clase de César hay 12 niños y 9 niñas. Un tercio de los estudiantes está apuntado a clases de informática. ¿Cuántos estudiantes no están apuntados?

Gráficos lineales

En una librería han anotado el número de libros vendidos cada día de la semana, y lo han representado en un gráfico.

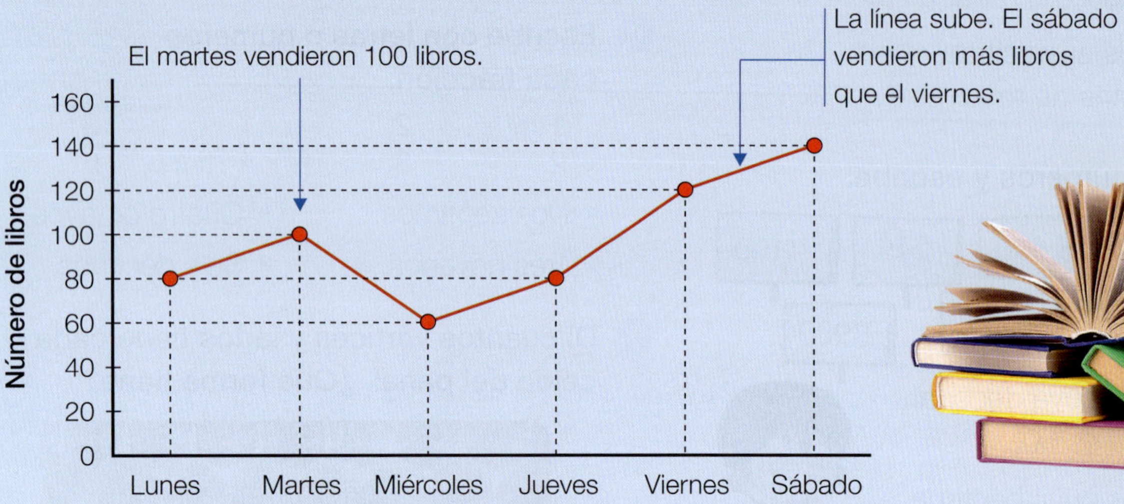

1 **Observa el gráfico anterior y contesta.**

- ¿Cuántos libros se vendieron cada día?
- ¿Qué día se vendieron más libros? ¿Y menos? ¿Puedes saberlo mirando solo el gráfico?
- ¿En qué días aumentó el número de libros vendidos con respecto al día anterior?
- ¿En qué días disminuyó el número de libros vendidos con respecto al día anterior?

2 **¿Cuántas llamadas atendió Ramón cada día? Observa el gráfico y contesta.**

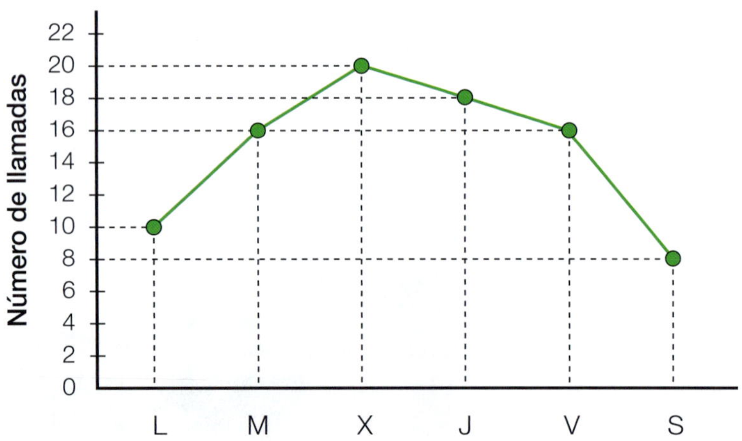

- ¿Qué días atendió más llamadas que el día anterior? ¿Y menos?
- ¿Atendió el jueves más o menos llamadas que el miércoles? ¿Puedes saberlo mirando solo la línea del gráfico?

3 **En la tabla aparecen los visitantes que fueron a una exposición de pintura cada día. Representa estos datos en tu cuaderno en un gráfico lineal.**

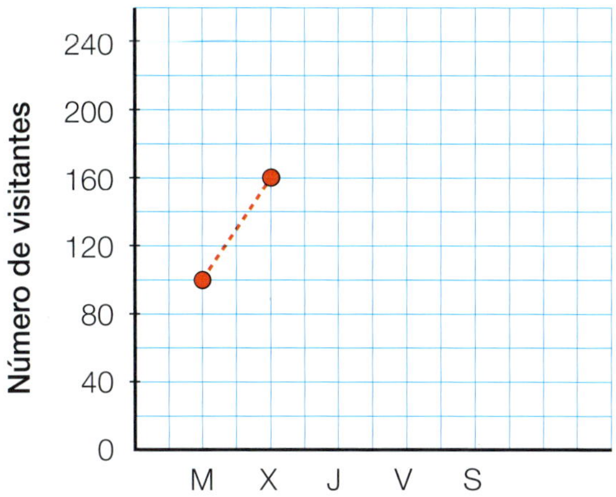

4 **Ernesto ha anotado en la tabla los coches vendidos cada mes. Representa estos datos en tu cuaderno en un gráfico lineal.**

Mes	E	F	M	A	My	J	Jl	A	S	O	N	D
Coches vendidos	10	20	50	40	25	40	45	10	15	20	10	25

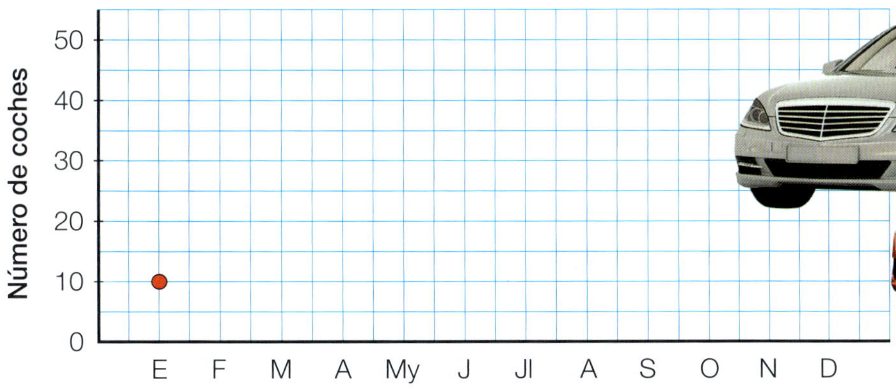

- Observa el gráfico que has hecho y contesta.
  - ¿Cuántos coches vendió en mayo menos que en marzo?
  - ¿Cuántos coches vendió los últimos cuatro meses del año?
  - ¿En qué meses aumentó la venta de coches respecto al mes anterior?
  - ¿En qué meses disminuyó la venta respecto al mes anterior?
  - ¿Entre qué meses hubo la mayor bajada de ventas? ¿Y la mayor subida?

Antes de empezar

Cálculo mental

Suma 101, 201… a números de tres cifras: suma 100, 200… y luego suma 1

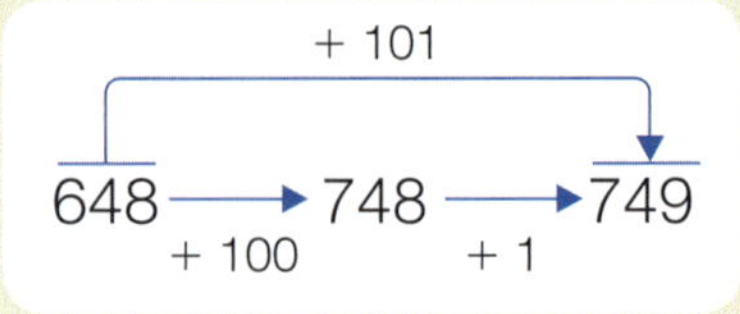

856 + 101	570 + 201
783 + 101	329 + 301
644 + 201	209 + 301

Resta 101, 201… a números de tres cifras: resta 100, 200… y luego resta 1

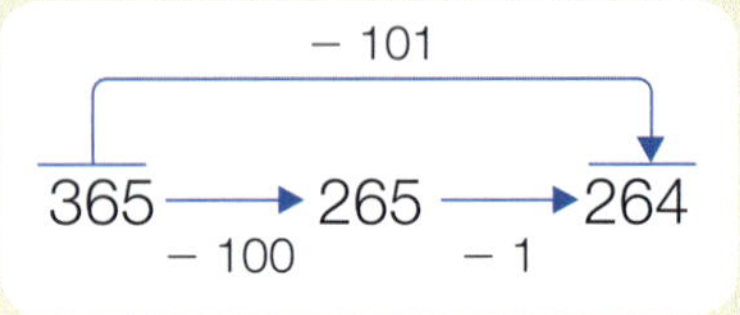

438 − 101	670 − 201
214 − 101	721 − 301
529 − 201	400 − 301

Un número, una suma y una resta

Escribe 261 como resultado de una suma en la que un sumando sea 101, y de una resta en la que el sustraendo sea 201.

Pequeños problemas

Calcula mentalmente

1. Un pueblo, el año pasado, tenía 854 habitantes. Este año se ha incrementado la población en 101 habitantes. ¿Cuántos habitantes hay ahora?
2. Un viaje a Italia cuesta 990 € y uno a Irlanda 201 € menos. ¿Cuánto cuesta el viaje a Irlanda?

¿Qué sabes ya?

El reloj

Las 9 | Las 9 y cuarto | Las 9 y media | Las 10 menos cuarto

1 Escribe la hora que marca cada reloj.

11 Medida del tiempo

Tiempo para hablar

- ¿Qué hora es ahora? Observa el reloj.
- Sara llegó a la biblioteca a las 9 y media. ¿Cuánto tiempo ha estado estudiando?
- Jon llegó a las 10. ¿Quién ha estudiado más tiempo de los dos? ¿Cuánto?
- Explica cómo has calculado el tiempo de estudio de cada uno.

SABER HACER

Averiguar qué tiempo hará a una hora.

El reloj de agujas

Fíjate en cómo se leen las horas en un reloj de agujas.

1.° Mira la aguja corta que marca las horas.

2.° Mira la aguja larga que marca los minutos.

Observa cómo se leen los minutos.

Un día tiene 24 horas. En un día, la aguja corta da dos vueltas completas.

Una hora es igual a 60 minutos. En una hora, la aguja larga da una vuelta completa.

Un día tiene 24 horas. Una hora es igual a 60 minutos.

1 Escribe en tu cuaderno la hora que marca cada reloj.

EJEMPLO Las 10 y …

2 Calca el reloj y dibuja las manecillas para que marque cada hora.

- Las 8 y cinco.
- Las 4 y diez.
- Las 10 y veinte.
- Las 2 menos diez.
- Las 5 menos veinte.
- Las 11 menos veinticinco.

3 **Escribe cuántas horas y minutos han pasado.**

4 **Copia y dibuja las manecillas de cada reloj.**

Problemas

5 **Lee y resuelve.**

- María comenzó su clase de pintura a las 5 y cuarto de la tarde. Si la clase duró 1 hora y media, ¿a qué hora terminó?
- Rosana salió a correr a las 8 y cinco de la mañana y regresó a las 10 y veinte. ¿Cuánto tiempo estuvo corriendo?
- El sábado, Alejandro montó en bicicleta 45 minutos, y el domingo montó 1 hora. ¿Cuántos minutos montó en total el fin de semana?
- El lunes, el miércoles y el viernes, Paula va a clase de natación. Cada clase dura 45 minutos. ¿Cuántos minutos practica natación a la semana?
- Lidia va a pasar unos días a la montaña. Salió a las 9 y veinte de la mañana y el viaje duró 2 horas y media. ¿A qué hora llegó?

Reflexiona y contesta.

- ¿Cómo te sientes cuando quedas con un amigo o una amiga y llega tarde?
- Cuando tú llegas tarde, ¿piensas que puede molestar a los demás?
- ¿Crees que es importante ser puntual? ¿Por qué?

EMOCIONES

El reloj digital

En un reloj digital, la hora se expresa con dos números separados por dos puntos.

- El número a la izquierda de los dos puntos indica la hora.
- El número a la derecha de los dos puntos indica los minutos.

El reloj marca las 10 y 15 minutos o las 10 y cuarto.

Observa cómo se expresan las 24 horas del día en un reloj digital.

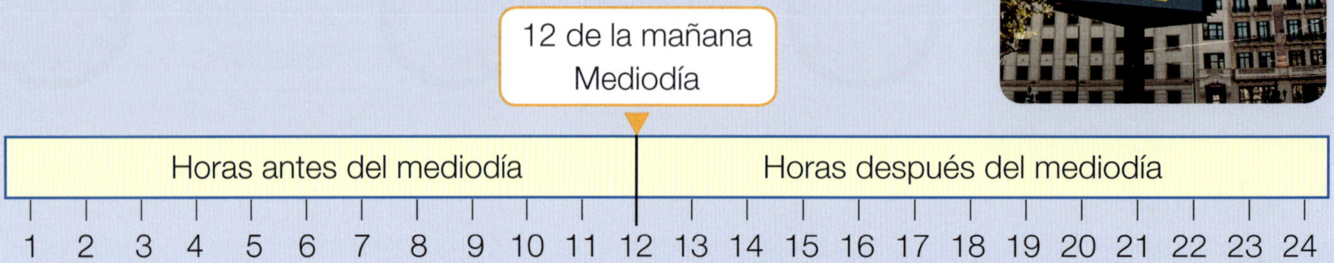

- Antes del mediodía, las horas en los relojes de agujas y digitales se expresan de la misma forma.
- Después del mediodía, las horas en los relojes digitales se expresan por 13, 14, 15…

1 **¿Qué relojes marcan una hora antes del mediodía? ¿Y después del mediodía? Obsérvalos y completa en tu cuaderno.**

EJEMPLO

Antes del mediodía:
7:20, …

Después del mediodía:
14:15, …

2 **¿Qué hora marca cada reloj? Escríbelo de dos formas.**

HAZLO ASÍ

16:25 ▶ 16 – 12 = 4

Marca las 4 y veinticinco de la tarde o las 16 y veinticinco.

3 **Lee y representa cada hora en un reloj digital.**

- Los domingos desayuno a las 10 de la mañana.
- Mañana celebro mi cumpleaños a las 5 y media de la tarde.
- Salí de la clase de Matemáticas a las 11 y diez de la mañana.
- La película comenzó a las 8 y veinte de la tarde.
- Hoy me he despertado a las 7 y cuarto de la mañana.
- El partido de fútbol terminó a las 9 y cuarto de la noche.

Problemas

4 **Observa la hora que marca el reloj, resuelve y completa la tabla en tu cuaderno.**

- El tren L1 tiene su salida dentro de 2 horas. Llegará a su destino a las 5 y media de la tarde.
- El tren L2 tenía su salida a las 11:45, pero la han retrasado media hora. Llegará a su destino 2 horas después.
- El tren L3 tiene su salida dentro de 4 horas y media, y llegará a su destino 2 horas y cuarto después.

	Hora de salida	Hora de llegada
L1	13:15	
L2		
L3		

5 **Piensa y contesta.**

Ayer, Andrea fue de viaje en avión. Llegó al aeropuerto a las 4 y cuarto de la tarde y esperó 1 hora y 10 minutos hasta la salida del avión.

- ¿A qué hora salió su avión?
- El avión salió con un cuarto de hora de retraso. ¿A qué hora tenía prevista su salida?

Hora, minuto y segundo

Un grupo de amigos fue a ver una carrera de coches.

El primero en llegar a la meta tardó 2 horas, 23 minutos y 15 segundos.

La **hora**, el **minuto** y el **segundo** son unidades de tiempo.

La hora, el minuto y el segundo son unidades de tiempo.

- Una hora es igual a 60 minutos.
- Un minuto es igual a 60 segundos.

1 **Copia y completa en tu cuaderno.**

- 2 horas = … minutos
- 3 horas = … minutos
- 4 horas = … minutos
- 5 horas = … minutos

- 3 minutos = … segundos
- 5 minutos = … segundos
- 6 minutos = … segundos
- 7 minutos = … segundos

2 **Calcula y expresa en la unidad que se indica.**

HAZLO ASÍ

Expresa en minutos

2 horas y 15 minutos
▼ ▼
120 minutos + 15 minutos = 135 minutos

HAZLO ASÍ

Expresa en segundos

5 minutos y 25 segundos
▼ ▼
300 segundos + 25 segundos = 325 segundos

En minutos

- 1 hora y 5 minutos
- 2 horas y 18 minutos
- 3 horas y 40 minutos
- 4 horas y 55 minutos

En segundos

- 2 minutos y 6 segundos
- 3 minutos y 49 segundos
- 4 minutos y 18 segundos
- 6 minutos y 27 segundos

Problemas

3 **Lee y calcula.**

Vanesa mira las películas que ponen este fin de semana.

COMIENZA 17:00

TERMINA 19:10

COMIENZA 21:15

TERMINA 23:30

- ¿Cuántas horas y minutos dura la primera película? ¿Cuántos minutos son?
- ¿Cuántas horas y minutos dura la segunda película? ¿Cuántos minutos son?
- ¿Cuántos minutos más tarde comienza la segunda película que la primera?

4 **Resuelve.**

- El lunes, Sandra estuvo corriendo durante 1 hora y 15 minutos y el martes corrió 10 minutos más que el lunes. ¿Cuántos minutos estuvo corriendo Sandra el martes?

- David ha hecho una tarta de queso. En la receta ponía que tenía que estar en el horno 1 hora y 25 minutos, pero David la ha retirado 9 minutos antes. ¿Cuántos minutos ha tenido David la tarta en el horno?
- La profesora de Educación Física ha cronometrado el tiempo que tardan sus alumnos y alumnas en recorrer un circuito. Pablo ha tardado 12 minutos y 6 segundos, y Marina ha tardado 7 segundos menos. ¿Cuántos segundos ha tardado Marina en recorrer el circuito?

Pensad y nombrad actividades que podáis realizar en estos tiempos.

- Pocos minutos.
- Menos de 1 hora.
- Varias horas.

CREATIVIDAD

COMPRUEBO MI PROGRESO

1 **¿Qué hora marca cada reloj? Escríbelo en tu cuaderno.**

2 **Calca el reloj y dibuja las manecillas para que marque cada hora.**

- Las 11 y diez.
- Las 8 y veinte.
- Las 12 y veinticinco.
- Las 2 menos veinte.
- Las 4 menos cinco.
- Las 5 menos diez.

3 **TIEMPO PARA HABLAR. Explica a un compañero estas expresiones.**

- Horas antes del mediodía.
- Horas después del mediodía.

Ayúdate escribiendo en un reloj digital una hora antes del mediodía y otra después del mediodía.

4 **Escribe cada hora de dos formas.**

EJEMPLO
Las 9:30 o las 9 y media de la mañana.

5 **Expresa cada hora en un reloj digital.**

- El sábado desayuné a las 9 y veinte de la mañana.
- Salimos a las 7 y diez de la mañana.
- El domingo me acosté a las 10 y cuarto de la noche.

6 **Calcula en tu cuaderno.**

Cuántos minutos son…

- 1 hora y 35 minutos.
- 2 horas y 45 minutos.
- 1 hora y media.
- 1 hora y cuarto.
- 2 horas y media.
- 2 horas y cuarto.

Cuántos segundos son…

- 5 minutos y 8 segundos.
- 1 hora y 9 minutos.
- 1 hora, 10 minutos y 34 segundos.
- 2 horas, 6 minutos y 15 segundos.

7 **Expresa en segundos cada tiempo y ordénalos de menor a mayor.**

1 hora y 20 minutos

55 minutos y 42 segundos

1 hora y 900 segundos

Problemas

8 **Observa los horarios y calcula.**

	Salida	Llegada
	8:10	14:25
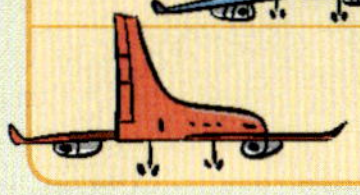	10:15	15:30

- El avión azul salió con 15 minutos de retraso. ¿A qué hora salió?
- El avión rojo llegó a su destino 25 minutos antes de su hora. ¿A qué hora llegó?

9 **Lee y resuelve.**

- Marcos se ha apuntado a clases de tenis. El lunes entrena durante una hora y media y el martes entrena 50 minutos. ¿Cuántos minutos entrena en los dos días?
- Paula toma un tren en la parada A. Desde la parada A a la parada B tarda 3 minutos y 15 segundos, y desde la parada B a la parada C tarda 2 minutos. ¿Cuántos segundos tarda el tren en ir desde la parada A a la parada C?

10 **Leed el cartel y resolved.**

¡ALQUILA Y DIVIÉRTETE!

Bicicleta.......... 10 € ▶ 1 hora
Patines .... 4 € ▶ Media hora
Monopatín .... 5 € ▶ 1 hora y cuarto

Carla y Eva han alquilado bicicletas, y Julio y Alberto, patines. Los han alquilado los siguientes tiempos:

Carla ▶ De 9:00 a 11:00 Eva ▶ De 10:30 a 13:30
Julio ▶ De 16:15 a 16:45 Alberto ▶ De 19:30 a 21:00

- ¿Durante cuánto tiempo ha alquilado cada uno? ¿Cuánto ha pagado?
- ¿Cuánto cuesta alquilar unos patines 5 horas?

¿CÓMO LO HE HECHO? **Responde en tu cuaderno.**

- ¿Sé leer y representar horas en relojes de agujas y digitales?
- ¿Utilizo las equivalencias entre hora, minuto y segundo?
- ¿Resuelvo problemas con unidades de tiempo?

Pon nota a tu trabajo en esta unidad.

Averiguar qué tiempo hará a una hora

Los alumnos y alumnas de 3.º de Primaria tienen programada la visita a un pantano para el viernes de esta semana. La profesora les propone consultar el tiempo previsto para ese día en la página web de la agencia meteorológica.

Viernes			Sábado			Domingo		
0-8	8-16	16-24	0-8	8-16	16-24	0-8	8-16	16-24

 ▶ Nubes  ▶ Lluvia  ▶ Sol

1 Fíjate y contesta.

- ¿Qué tiempo está previsto para el viernes a las 9 de la mañana? ¿Y para el sábado a esa misma hora? ¿Y para el domingo?
- ¿Qué tiempo está previsto para cada día a la hora que indican los relojes?

2 Leed y resolved.

- El autobús para el pantano salió el viernes a las 9:30. Cuando llevaban 1 hora y media de viaje, pararon media hora a desayunar. Llegaron al pantano a las 12:30. ¿Cuántas horas y minutos duró el viaje?

- En el pantano hicieron actividades acuáticas. La primera actividad duró 1 hora y cuarto, y la segunda, media hora. ¿Cuántos minutos duraron las dos actividades?
- A la excursión se apuntaron un total de 23 niños, 19 niñas y 4 monitores. Cada estudiante pagó 9 € y cada monitor 7 €. ¿Cuánto dinero recaudaron en total para la excursión?
- El viernes por la tarde fueron a comprar para organizar una merienda. Pagaron con 3 billetes de 20 €, 2 de 10 € y 3 de 5 €. Les devolvieron 4 €. ¿Cuánto les costó la merienda?

Juega con las horas

Material: Tarjetas numéricas del 0 al 9. Lápiz y papel.

Número de participantes: 5

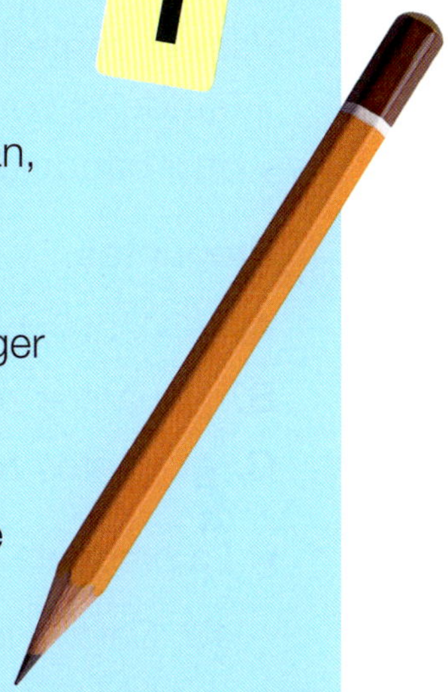

Reglas del juego:

Por turnos, uno de los participantes elige, sin mirar y sin que los demás le vean, cuatro tarjetas. Evaluará si con los números que le han salido puede escribir una hora y, si lo puede hacer, la escribirá en un papel.

Si no puede formar una hora con los números que le han salido, volverá a coger otras cuatro tarjetas.

El resto de participantes, por orden, harán una pregunta en la que aparezca la palabra *antes* o *después* y, tras escuchar la respuesta, dirán cuál creen que es la hora secreta. El primero que acierte obtiene 1 punto.

Gana el jugador o jugadora que consiga primero 6 puntos.

1. Observad la respuesta dada a cada pregunta y adivinad qué hora ha escrito Julia.

- ¿Es una hora *antes* del mediodía? Sí.
- ¿Es *después* de las 11 de la mañana? Sí.
- ¿Es *antes* de las 11 y media? No.
- ¿Después de 10 minutos serán las 12? Sí.

Retos matemáticos

Bolígrafos y lapiceros

Un bolígrafo cuesta 30 céntimos más que un lapicero.

Un bolígrafo y un lapicero juntos valen 1 €. ¿Cuánto cuesta el lapicero?

Chicas y chicos

En clase somos 29 alumnos y alumnas. Si hay 3 chicas más que chicos, ¿cuántas chicas hay?

Solución de problemas

Elegir la pregunta para que el problema se resuelva con dos operaciones

Vamos a leer el enunciado del problema y las preguntas dadas. Después, elegimos la pregunta para que el problema se resuelva con dos operaciones.

Para el comedor del colegio, Ángela prepara 7 bandejas con 8 zumos de naranja cada una y otra bandeja con 9 zumos de fresa.

Preguntas

A. ¿Cuántas bandejas de zumo ha preparado en total?

B. ¿Cuántos zumos de naranja ha preparado?

C. ¿Cuántos zumos ha preparado en total?

▶ La pregunta que se responde calculando dos operaciones es la C.

1.° Calcula los zumos que hay en las 7 bandejas.

$8 \times 7 = 56$

2.° Calcula los zumos que hay en total.

$56 + 9 = 65$

Solución: En total ha preparado 65 zumos.

1 **Lee y elige la pregunta para que el problema se resuelva con dos operaciones. Después, resuélvelo.**

- Samuel tenía ahorrados 125 €. Se ha comprado una camiseta por 15 €, unas zapatillas por 36 € y un pantalón por 28 €.

Preguntas

A. ¿Cuánto se ha gastado en total?

B. ¿Cuánto cuesta la camiseta menos que las zapatillas?

C. ¿Cuánto dinero le queda a Samuel?

- Teresa tenía en su tienda 6 cajas de peras de 20 kg cada una. Ha envasado las peras en bolsas de 4 kg.

Preguntas

A. ¿Cuántos kilos de peras tenía Teresa en su tienda?

B. ¿Cuántas bolsas ha obtenido?

C. ¿Cuántos kilos de peras hay en 10 bolsas?

1 **Copia y completa la tabla.**

Número	Descomposición	Lectura
4.095		
30.682		
	7 UM + 3 C + 6 U	
	6 DM + 5 UM + 9 D	

2 **Calcula las restas y haz la prueba.**

- 3.205 – 1.786
- 7.142 – 987
- 40.361 – 19.654
- 62.346 – 7.858

3 **Calcula las divisiones.**

- 2.456 : 3
- 6.780 : 5
- 18.036 : 4
- 42.682 : 6

4 **Comprueba en cada división de la actividad anterior que se cumple:**

- resto < divisor
- divisor × cociente + resto = Dividendo

5 **Expresa en metros.**

- 7 km y 8 m
- 8 km y 194 m
- 2 km y 75 m
- 900 cm
- 700 cm
- 500 cm

6 **¿Cuántos gramos pesa cada paquete? Calcula y escribe en tu cuaderno.**

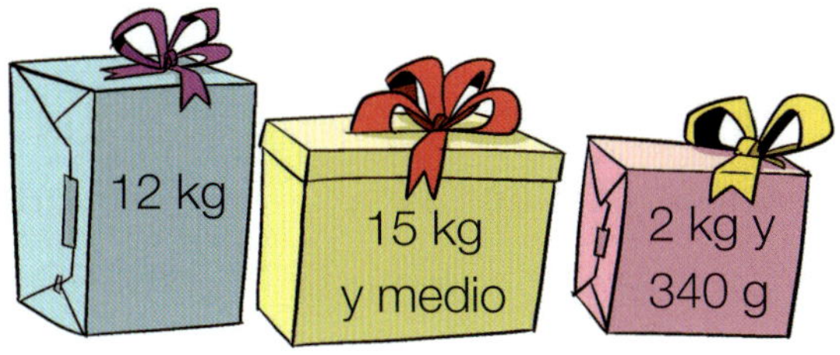

Problemas

7 Un autobús recorre cada día 175 km. La semana pasada hizo 98 km más. ¿Cuántos kilómetros en total hizo la semana pasada?

8 Paula tenía ahorrados 150 €. Gastó un tercio del dinero en un regalo. ¿Cuánto dinero le quedó?

9 Mariano mira la oferta de zumos.

- ¿Cuánto costarán 2 cartones de medio litro? ¿Y 4 cartones de medio litro?
- ¿Cuánto costarán 4 cartones de un cuarto de litro? ¿Y 8 cartones?

10 Carlos tiene en su frutería una caja con 45 kg de manzanas y otra caja con 32 kg. Envasa el total de manzanas en bolsas de 2 kg cada una. ¿Cuántos kilos le sobrarán? ¿Cuántas bolsas llenará?

11 Gabriela ha abierto una tienda de ropa. Hoy ha colocado 120 prendas. La mitad eran pantalones, un tercio eran camisas y el resto, jerséis. ¿Cuántos jerséis ha colocado?

12 Un grupo de amigos ha ido a merendar. Han pedido 4 zumos a 2 € cada uno, 2 sándwiches a 3 € cada uno y 2 tostadas a 50 céntimos cada una. Para pagar han entregado un billete de 50 €. ¿Cuánto les devolverán?

Antes de empezar

Cálculo mental

Suma 99, 199, ... a números de tres cifras: suma 100, 200, ... y luego resta 1

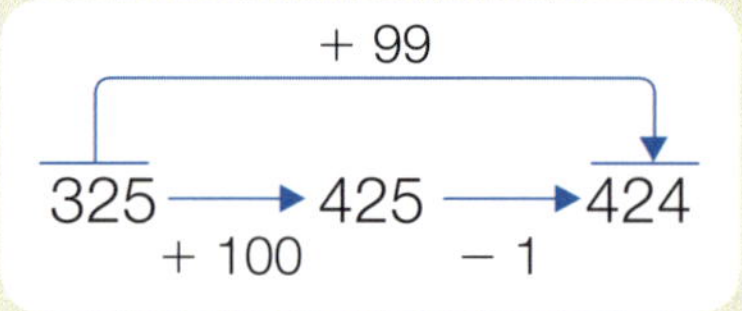

856 + 99   420 + 199
781 + 99   379 + 299
544 + 199   107 + 299

Resta 99, 199, ... a números de tres cifras: resta 100, 200, ... y luego suma 1

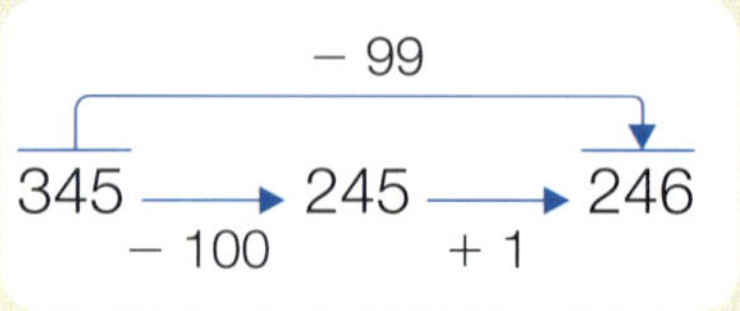

434 − 99   670 − 199
216 − 99   801 − 299
589 − 199   900 − 299

Un número, varias sumas

Escribe 432 como una suma en la que uno de los sumandos sea 199.

Un número, varias restas

Escribe 307 como una resta en la que el sustraendo sea 99.

Pequeños problemas

Calcula mentalmente

1. Diego ha comprado un microondas por 99 € y un frigorífico por 399 €. ¿Cuánto tiene que pagar?
2. Mar y Rocío juegan a un videojuego. Rocío lleva 167 puntos, y Mar tiene 99 puntos menos. ¿Cuántos puntos tiene Mar?
3. Juan tiene un depósito de agua de 432 ℓ para dar de beber a sus ovejas. Ayer, gastó 199 ℓ. ¿Cuántos litros le quedan en el depósito?

¿Qué sabes ya?

La clasificación de las figuras planas

Triángulo	Cuadrilátero	Pentágono	Hexágono	Círculo
3 lados	4 lados	5 lados	6 lados	

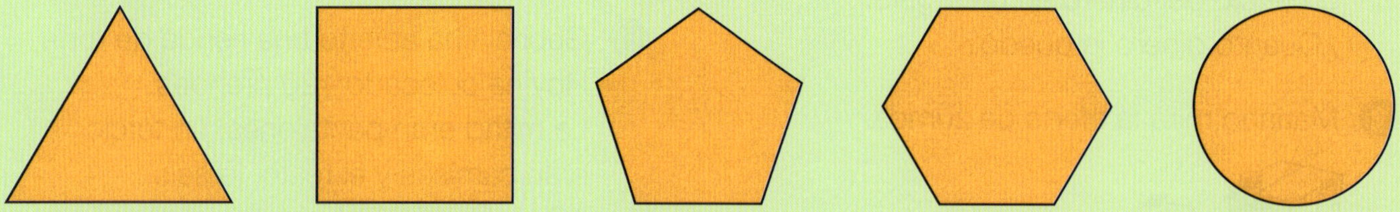

1 **Escribe el nombre de cada figura e indica cuál no es un polígono.**

12 Cuerpos geométricos

Tiempo para hablar

- Alejandro elabora velas artesanales. ¿Qué vela tiene forma de cono? ¿Y de pirámide?
- ¿Cuál es la forma de las velas restantes?
- ¿Qué velas podrían rodar al apoyarlas sobre una mesa y empujar suavemente?
- Explica las semejanzas y diferencias entre las distintas formas de las velas.

SABER HACER

Elegir la mejor forma.

Poliedros: prismas y pirámides

Los **poliedros** son cuerpos geométricos que tienen todas sus superficies planas.

Los **prismas** y las **pirámides** son poliedros.

Observa sus elementos.

Prisma

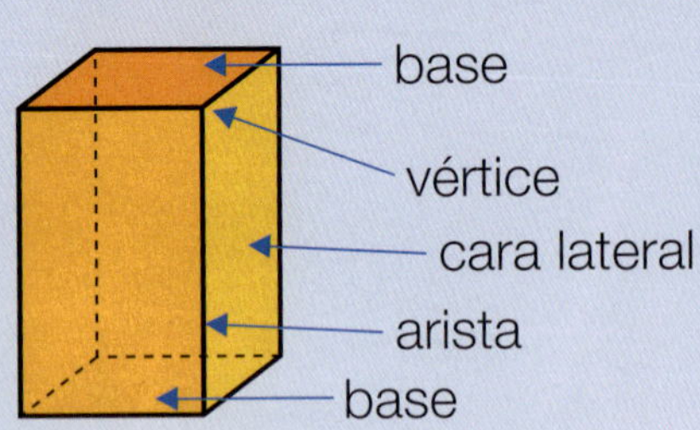

Pirámide

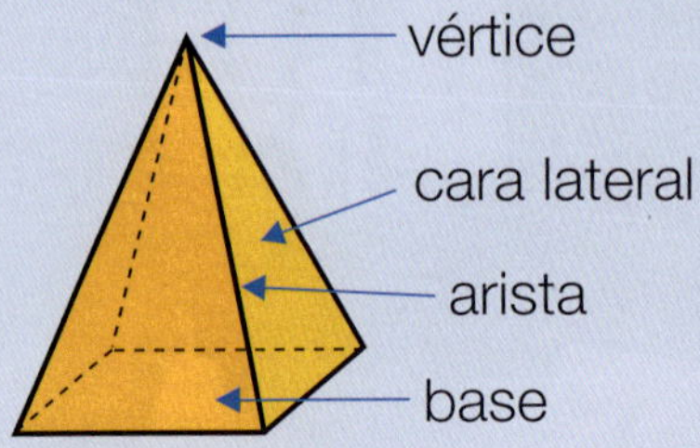

- Los prismas tienen dos bases, que son polígonos iguales, y varias caras laterales, que son cuadriláteros.
- Las pirámides tienen una base, que es un polígono, y varias caras laterales, que son triángulos unidos en un vértice común.

Los prismas y las pirámides son poliedros. Todas sus caras son polígonos.

1 **Escribe qué forma tiene cada objeto: prisma o pirámide.**

2 **Copia en tu cuaderno y escribe debajo si es un prisma o una pirámide. Después, colorea o repasa los elementos que se indican.**

Las bases

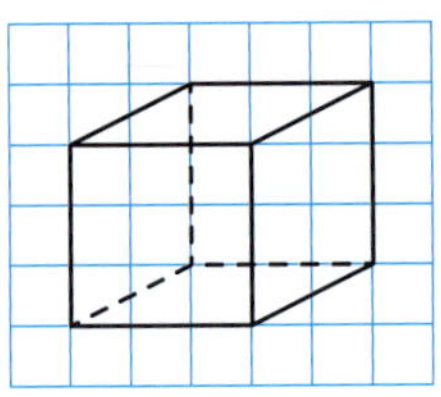

Una cara lateral

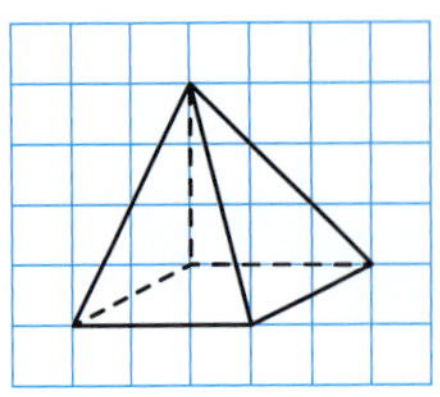

Los vértices

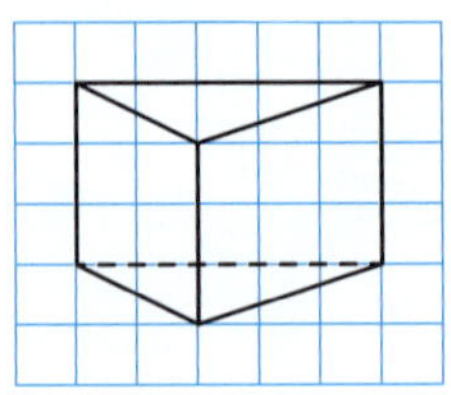

Las aristas

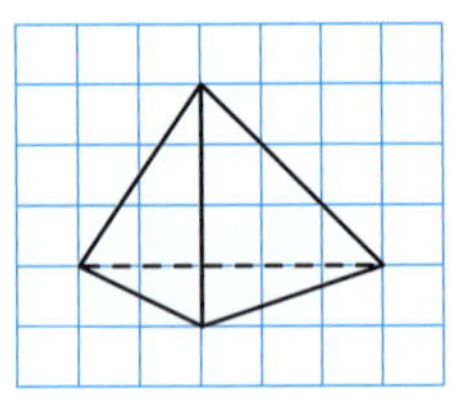

3 **Copia el dibujo en tu cuaderno, lee y construye el prisma. Después, contesta.**

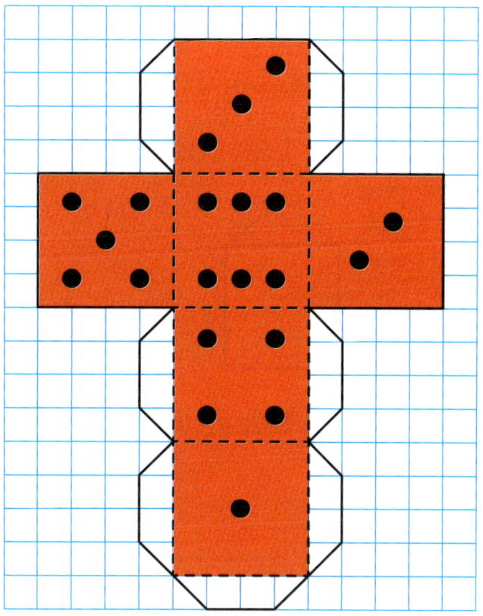

1.º Copia y recorta la figura.

2.º Dobla por las líneas punteadas.

3.º Pega las pestañas.

- ¿Cuántas caras tiene el cubo?
- ¿Qué polígono es cada cara?
- ¿Tienen todas las caras la misma forma y el mismo tamaño?

4 **Completa en tu cuaderno para cada poliedro.**

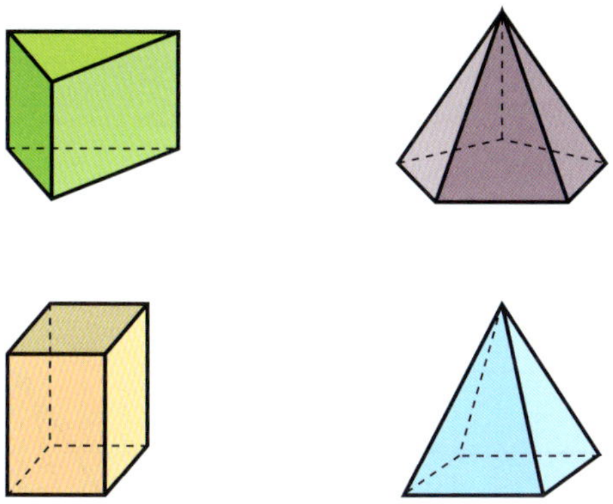

Cuerpo de color ...

- Tipo de poliedro ▶ ...
- Número de caras ▶ ...
  - – Número de bases ▶ ...
  - – Número de caras laterales ▶ ...
- Número de vértices ▶ ...
- Número de aristas ▶ ...

Observad las caras que se ven cada vez que se gira el dado y contestad.

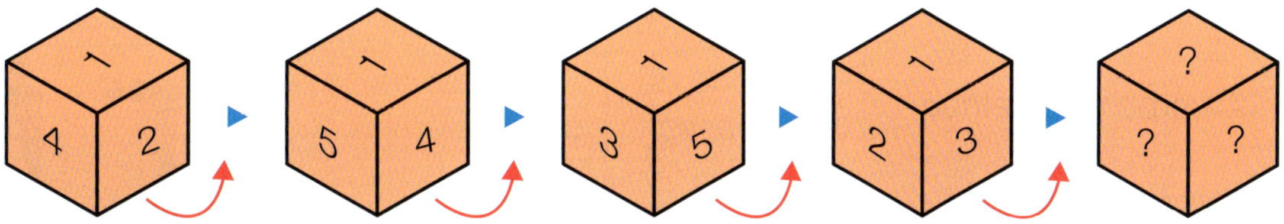

- ¿Qué cara del dado queda siempre hacia abajo y no se ve?
- ¿Cuánto suman las dos caras opuestas? Mirad un dado y comprobadlo.
- Si se gira otra vez el dado, ¿qué tres caras se verán?

Clasificación de prismas y pirámides

Los prismas y las pirámides se nombran según sea el polígono de sus bases.

Las bases son triángulos.

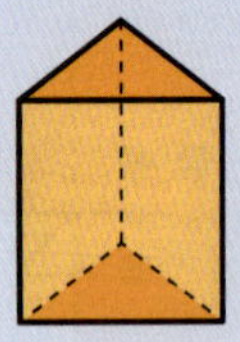

Prisma triangular

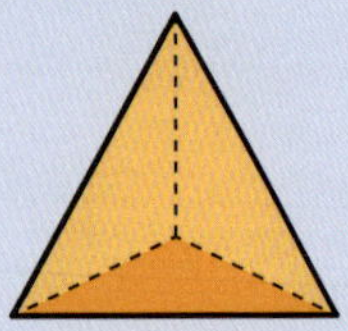

Pirámide triangular

Las bases son cuadriláteros.

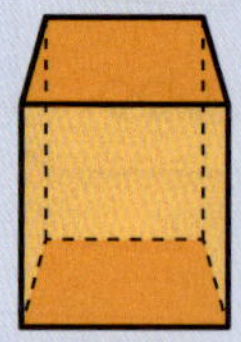

Prisma cuadrangular

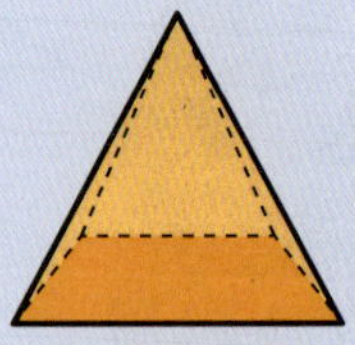

Pirámide cuadrangular

Las bases son pentágonos.

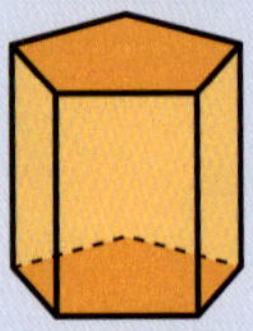

Prisma pentagonal

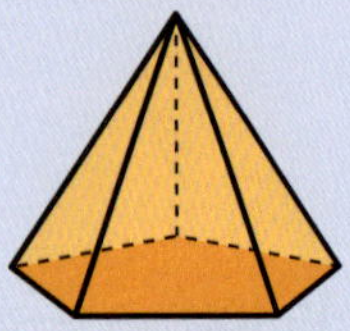

Pirámide pentagonal

Las bases son hexágonos.

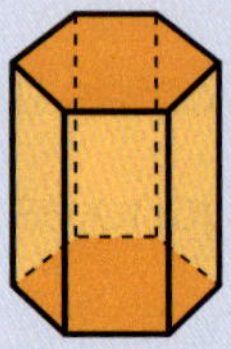

Prisma hexagonal

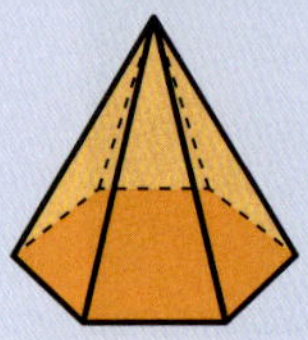

Pirámide hexagonal

Los prismas y las pirámides se clasifican según el polígono de sus bases.

1 **Copia y colorea una base de cada cuerpo. Después, escribe debajo su nombre.**

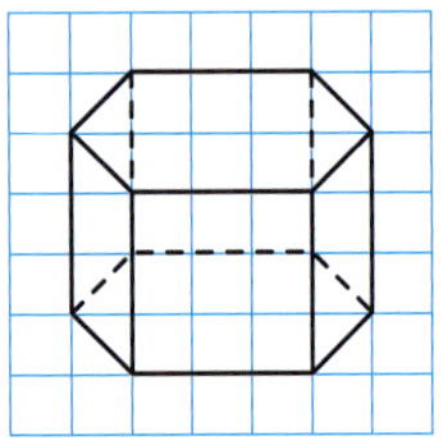

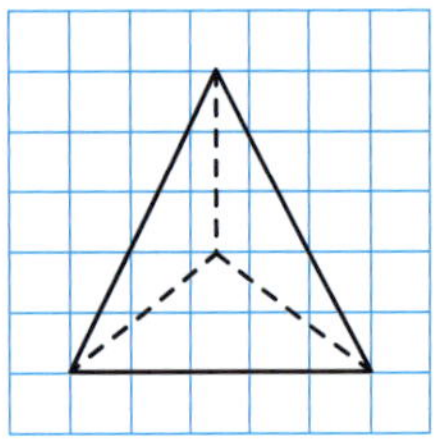

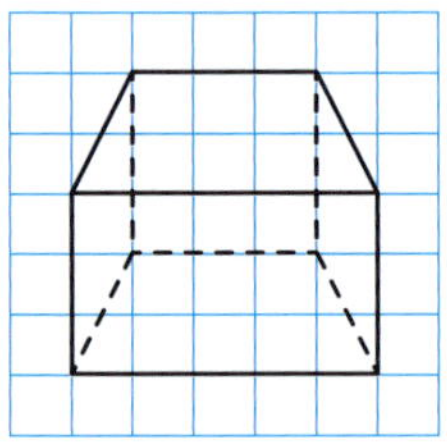

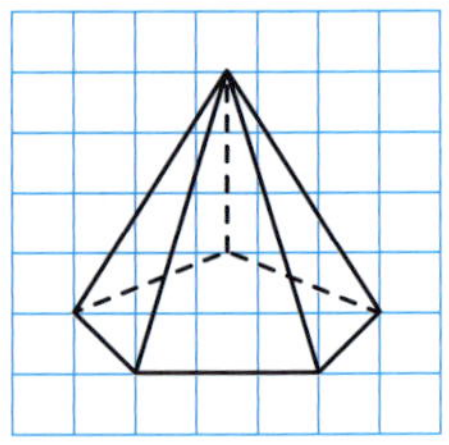

2 **Copia la tabla en tu cuaderno y complétala.**

Cuerpo geométrico	Polígono de las bases	Número de caras laterales
Prisma triangular		
Prisma pentagonal		
Pirámide cuadrangular		
Pirámide hexagonal		

3 **Copia en tu cuaderno y construye una pirámide. Después, contesta.**

1.º Copia y recorta la figura.

2.º Dobla por las líneas punteadas.

3.º Pega las pestañas.

- ¿Cuántas bases y cuántas caras laterales tiene esa pirámide?
- ¿Cuántos lados tiene la base? ¿Qué polígono es la base? ¿Qué tipo de pirámide es?

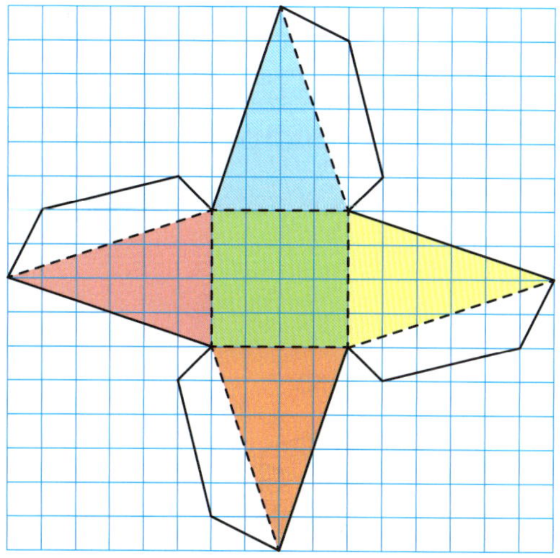

4 **¿Qué cuerpo geométrico es? Elige y escribe su nombre en tu cuaderno.**

- Tiene más de 4 caras laterales.
- Solo tiene una base.

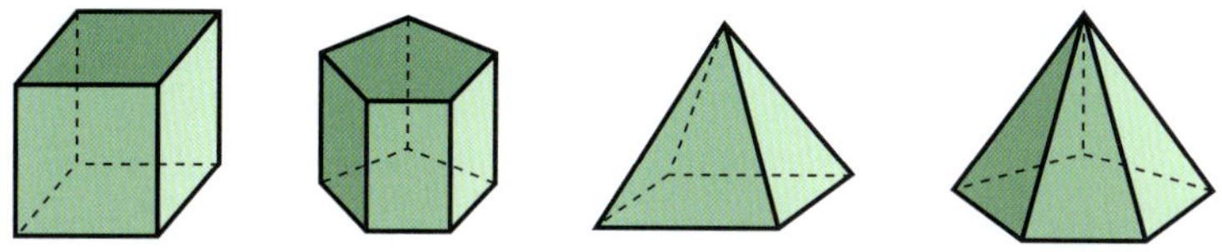

- Tiene dos bases.
- La suma de los lados de sus bases es igual a 8.

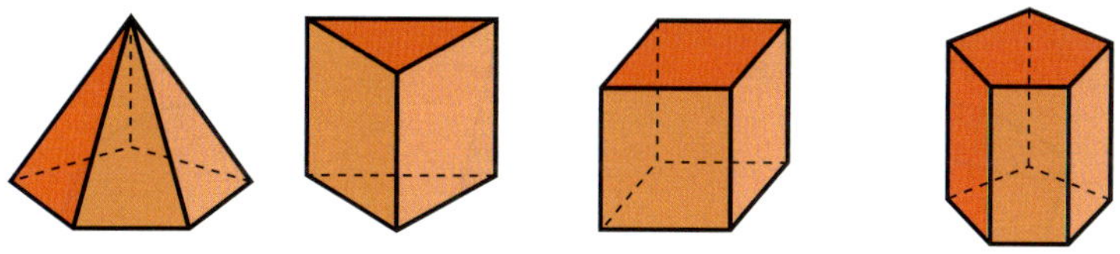

5 **¿Cómo se ven estos prismas si los miras desde arriba? Imagina y escribe el nombre del prisma y del polígono que se ve desde arriba.**

EJEMPLO
Prisma triangular ▶ …

Cuerpos redondos

Los cuerpos geométricos que tienen alguna superficie curva se llaman **cuerpos redondos**.

Los cuerpos redondos son el **cilindro**, el **cono** y la **esfera**.

Observa sus elementos.

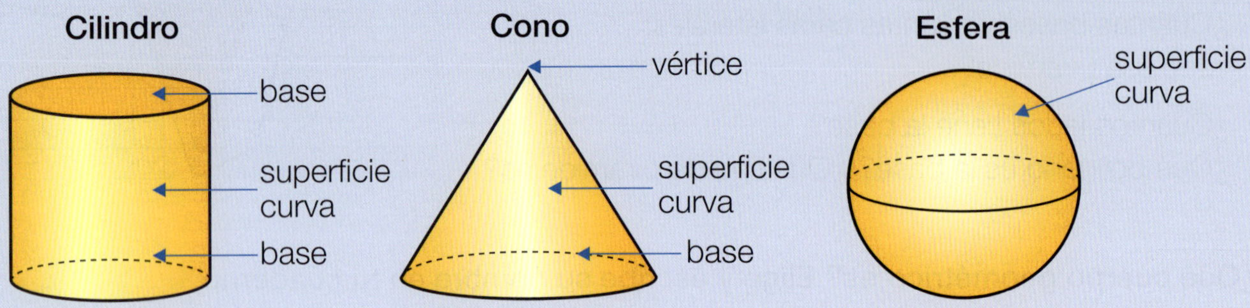

1 ¿Es un poliedro o un cuerpo redondo? Contesta en tu cuaderno y escribe el nombre de cada cuerpo geométrico.

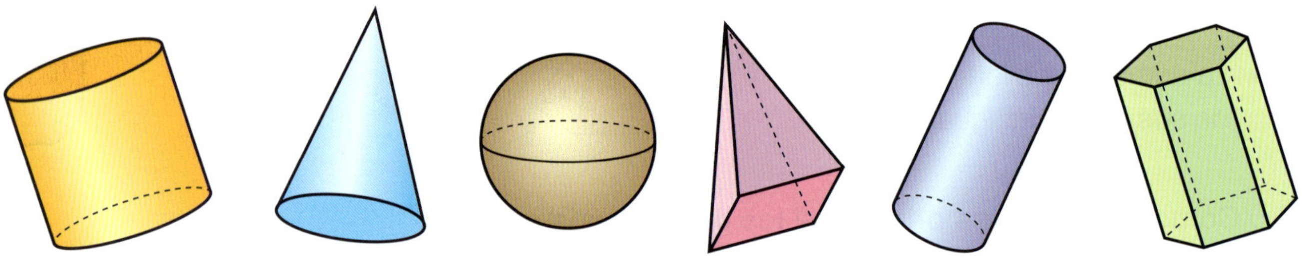

2 Copia en tu cuaderno y escribe el nombre de cada elemento señalado.

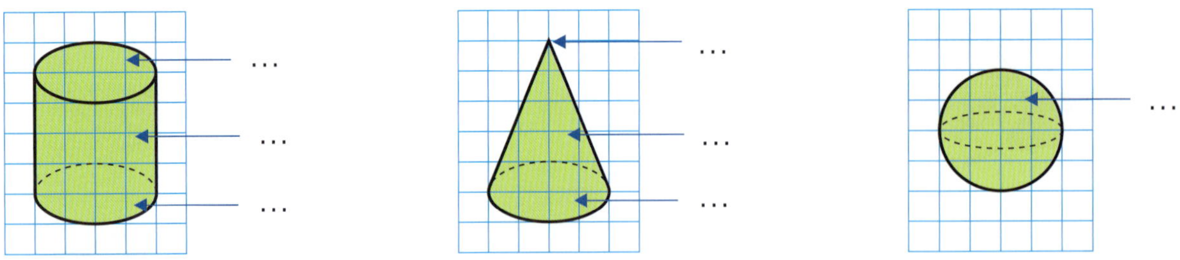

3 Contesta.

- ¿Qué cuerpo tiene solo una superficie curva?
- ¿Qué cuerpos tienen una o dos superficies planas y una superficie curva?
- ¿Cuántas bases tiene el cilindro? ¿Y el cono?
- ¿Qué figura plana es la base del cilindro y del cono?

4 ¿Qué objetos tienen la forma de cada cuerpo redondo? Completa en tu cuaderno.

- Cilindro ▶ … y …
- Cono ▶ … y …
- Esfera ▶ … y …

5 Lee y copia en tu cuaderno las frases verdaderas. Después, explica por qué las demás son falsas.

- Los cuerpos redondos son poliedros.
- Los cuerpos redondos son cuerpos geométricos.
- Todos los cuerpos redondos tienen superficies planas y curvas.
- El cilindro tiene dos bases y la esfera, una.
- La base del cilindro y del cono es un círculo.

6 Imagina y contesta.

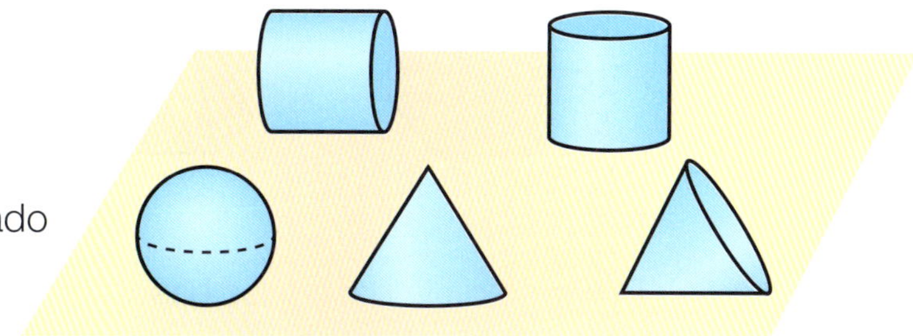

- ¿Puede rodar una esfera en cualquier posición?
- Para que un cilindro ruede, ¿tiene que estar apoyado sobre la base o sobre la superficie curva? ¿Y un cono?

Moldead cuerpos geométricos con plastilina.

- Haced una esfera, un cilindro, un cono, un prisma y una pirámide con plastilina.
  - Para hacer las superficies curvas, haced rodar la plastilina.
  - Para hacer las superficies planas, aplastad la plastilina en la mesa.
- Haced la maqueta de un pueblo con plastilina. Todos los objetos tienen que ser cuerpos geométricos.

CREATIVIDAD

COMPRUEBO MI PROGRESO

1 Escribe qué cuerpo geométrico es: prisma, pirámide, cilindro, cono o esfera.

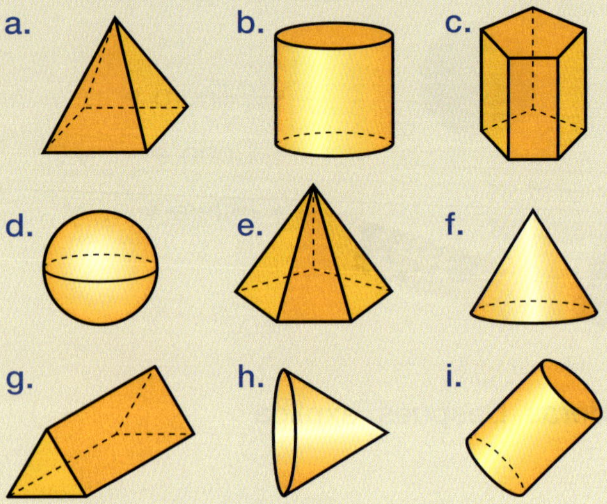

- ¿Cuáles son poliedros?
- ¿Cuáles son cuerpos redondos?

2 Observa y completa para cada cuerpo.

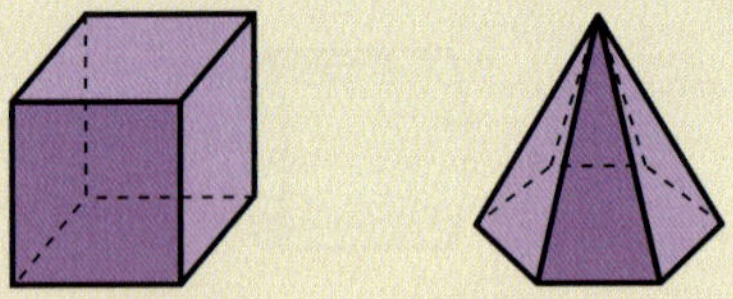

Nombre ▶ …

Polígono de la base o las bases ▶ …

Número de caras laterales ▶ …

Número de vértices ▶ …

Número de aristas ▶ …

3 Clasifica estos prismas y pirámides según el polígono de su base.

4 TIEMPO PARA ESCRIBIR. Haz un dibujo y explica qué es un prisma y un cono.

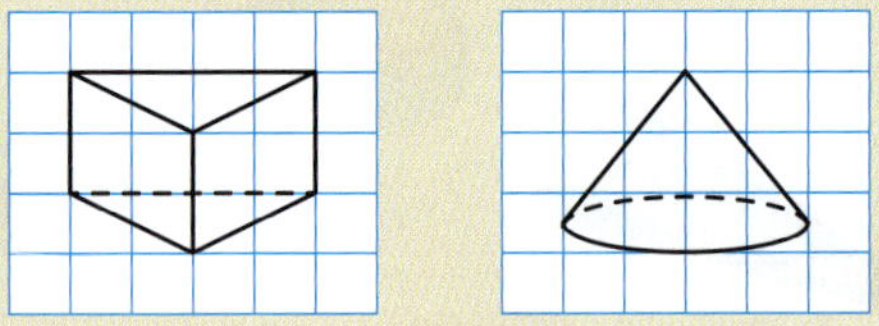

Escribe:

- Si es un poliedro o un cuerpo redondo.
- Cuántas bases tiene y de qué forma.
- Si tiene caras laterales y de qué forma, o tiene una superficie curva.

5 ¿En qué se parecen? ¿En qué se diferencian? Compara y escribe.

- El prisma y el cilindro.

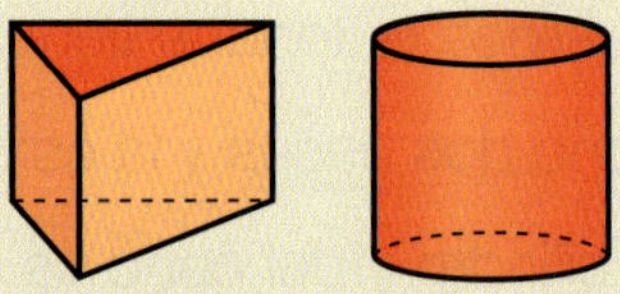

Se parecen ▶ …

Se diferencian ▶ …

- La pirámide y el cono.

Se parecen ▶ …

Se diferencian ▶ …

6 ¿Qué cuerpo geométrico es? Lee cada descripción y escribe.

- Sus dos bases son círculos iguales.
- Todas sus caras son cuadrados.
- No tiene bases.
- Su única base es un pentágono.
- Solo tiene un vértice.
- Sus bases son triángulos y sus caras laterales son cuadriláteros.

Problemas

7 **Observa y escribe.**

Luisa quiere llevar a clase objetos que tengan forma de cuerpos geométricos. ¿Qué objetos puede llevar?

Prisma ▶ … Pirámide ▶ …

Esfera ▶ … Cilindro ▶ … Cono ▶ …

8 **Resuelve.**

El ayuntamiento quiere colocar bloques de piedra como estos en una plaza.

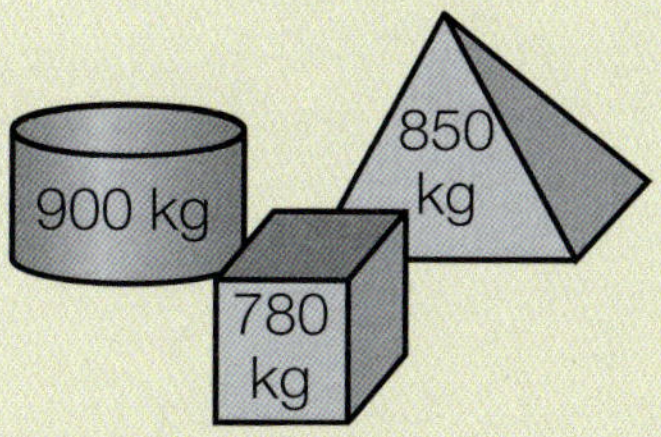

- ¿Qué forma tiene el bloque que pesa más? ¿Y el que pesa menos?
- ¿Es fácil hacer una escultura colocando la pirámide encima del cilindro? ¿Y el prisma encima de la pirámide?

9 **Resuelve.**

LAS PIRÁMIDES MÁS FAMOSAS

Las pirámides de Egipto se construyeron hace unos 4.600 años, como tumba de los faraones. La pirámide de Keops, la mayor construida, es una pirámide cuadrangular. El lado de su base mide unos 230 m y su altura es de 145 m.

- ¿Qué tipo de cuerpo geométrico es la pirámide de Keops?
- ¿Qué forma tiene el polígono de su base?
- ¿Cuántas caras laterales tiene? ¿Qué forma tienen?

¿CÓMO LO HE HECHO? **Responde en tu cuaderno.**

- ¿Identifico un poliedro o cuerpo redondo en un objeto real?
- ¿Reconozco los elementos de poliedros y cuerpos redondos?
- ¿Clasifico prismas y pirámides según sus bases?

Pon nota a tu trabajo en esta unidad.

Elegir la mejor forma

En un centro de investigación quieren estudiar cuál es la mejor forma que pueden tener los bloques de piedra que se colocan en los rompeolas de los puertos para protegerlos del choque de las olas.

1 **Observa en la fotografía las formas que van a investigar y contesta para cada una.**

Si es un poliedro

- ¿Qué tipo de prisma o pirámide es?
- ¿Cuántas caras tiene? ¿Y vértices?

Si es un cuerpo redondo

- ¿Qué tipo de cuerpo redondo es?
- ¿Cuántas bases tiene? ¿De qué forma?

2 **Pensad y contestad.**

- Se ha decidido estudiar también el cuerpo geométrico que resulta de partir en dos partes iguales este cubo.

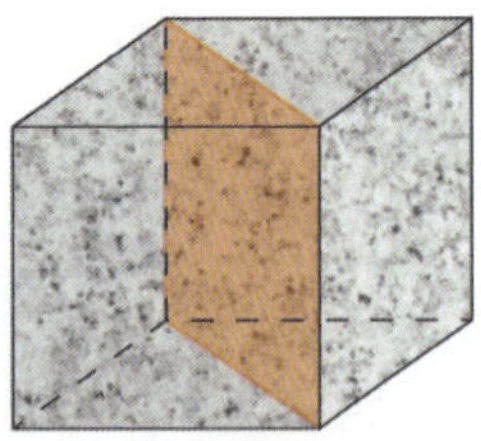

¿Qué tipo de cuerpo geométrico es?
¿Cuántos vértices y caras tiene?

- Tras varios experimentos, se ha decidido utilizar un cuerpo geométrico con esta descripción:

Tiene el doble de aristas que de caras.

¿Qué tipo de cuerpo han elegido?

Juega con los cuerpos geométricos

Material: Tarjetas numéricas, eliminando las tarjetas del número 2, del 3 y del 9. Lápiz y papel.

Número de participantes: 5

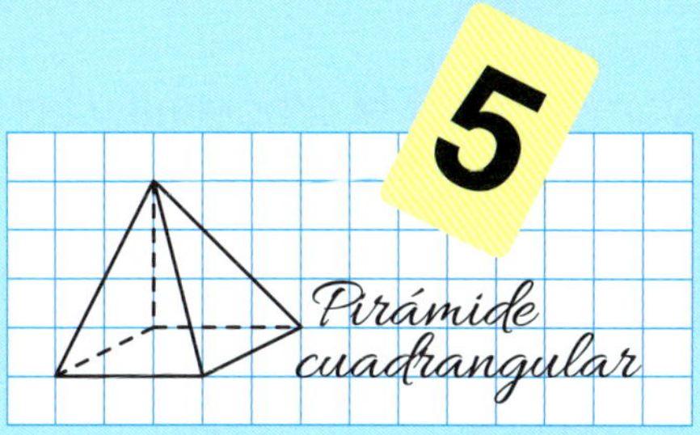

Reglas del juego:

Por turnos, uno de los participantes elige, sin mirar y sin que los demás le vean, una tarjeta.

El número de la tarjeta será el número de vértices que debe tener el cuerpo geométrico que dibujará en su papel. Después, escribirá su nombre.

El resto de jugadores, por orden, le harán una pregunta a la que se pueda contestar *sí* o *no*. Tras escuchar la respuesta, dirán cuál creen que es el poliedro o cuerpo redondo secreto. El primero que acierte obtiene 1 punto.

Gana el jugador o jugadora que consiga primero 6 puntos.

1. Observad las respuestas a las preguntas y adivinad cuál es la figura que ha dibujado Marina en su papel.

- ¿Tiene más de 5 vértices? Sí.
- ¿Tiene 6 caras? No.
- ¿Tiene 6 vértices? Sí.

Retos matemáticos

Reloj de cuco

Un reloj de cuco tarda 5 segundos en dar las 6 de la tarde. ¿Cuánto tardará en dar las 12?

Beneficios

Un comerciante compra un artículo por 7 € y lo vende por 8 €. Como pensó que lo había vendido barato, lo vuelve a comprar por 9 € y lo vuelve a vender por 10 €. ¿Cuál ha sido el beneficio?

Solución de problemas

Elegir la solución más razonable

Vamos a leer el problema y las soluciones propuestas. Después, elegimos la solución más razonable.

En un horno han preparado hoy 40 bandejas con 9 barras cada una y una cesta con 15 barras. ¿Cuántas barras han preparado en total?

Soluciones

A. En total han preparado 60 barras.

B. En total han preparado 375 barras.

C. En total han preparado 1.200 barras.

▶ Para resolver el problema:

1.º Hay que calcular las barras que hay en las bandejas. Multiplicamos 40 por 9.

2.º Hay que sumar las barras de las bandejas y las de la cesta. Sumamos 15 al resultado de 40 × 9.

La solución A no es razonable, porque 60 barras son pocas.

La solución C no es razonable, porque 1.200 barras son muchas.

La solución más razonable es la B. En total han preparado 375 barras.

1 **¿Cuál es la solución más razonable? Piensa y elige la que creas correcta. Después, resuelve y comprueba tu elección.**

- En Valverde, cada uno de los 500 vecinos ha puesto 10 € para las fiestas. Gastarán 2.000 € en una gran merienda y con el resto contratarán un grupo musical. ¿Cuánto dinero dedicarán al concierto del grupo musical?

  Soluciones

  A. Dedicarán 1.510 €.

  B. Dedicarán 300 €.

  C. Dedicarán 3.000 €.

- En un parque natural hay 4.000 m de senderos. Van a abrir al público otros 1.500 m, aunque cerrarán 700 m que están en una zona de cría de animales. ¿Cuántos metros de senderos habrá abiertos al público?

  Soluciones

  A. Habrá 480 m de senderos.

  B. Habrá 3.200 m de senderos.

  C. Habrá 4.800 m de senderos.

REPASO ACUMULATIVO

1 **Descompón cada número.**

- 3.457
- 6.098
- 8.105
- 15.253
- 42.087
- 73.902

2 **Completa la tabla en tu cuaderno.**

Se lee	Se escribe
Sesenta y dos mil veinticinco	
Ochenta mil ciento treinta	
	7.897
	83.485

3 **Calcula.**

- 32.520 − 18.573
- 70.452 − 6.897
- 1.395 × 6
- 4.062 × 7
- 762 × 48
- 837 × 89

4 **Divide y haz la prueba. Después, completa la tabla en tu cuaderno.**

Dividendo	2.340	5.789	12.684	45.320
divisor	3	5	7	9
cociente				
resto				

¿Qué divisiones son exactas?

5 **Copia y escribe cómo se leen.**

- $\frac{1}{2}$
- $\frac{2}{3}$
- $\frac{1}{4}$
- $\frac{5}{6}$
- $\frac{8}{10}$

6 **Calcula.**

- 23,89 + 9,56
- 75,9 + 123,8
- 67,3 − 8,9
- 102,32 − 89,76

Problemas

7 Paula, Jorge y Ana pesan entre los tres un total de 104 kilos. Paula pesa 48 kg y Jorge pesa la mitad que Paula. ¿Cuántos kilos pesa Ana?

8 Marcos compra para su restaurante un bidón de 12 litros de aceite y otros 6 bidones de medio litro cada uno. Si cada litro de aceite cuesta 4 €, ¿cuánto pagará en total?

9 Julia compra una moto que cuesta 1.200 €. Primero entrega 250 € y el resto lo paga en 5 partes iguales. ¿Cuánto paga cada vez?

10 El lunes, Ricardo estuvo en natación 45 minutos y el martes estuvo 1 hora y 15 minutos. ¿Cuántos minutos nadó en total en los dos días?

11 Ayer, Adela recogió 250 huevos de sus gallinas y hoy ha recogido 190. Coloca los huevos en envases con 6 huevos cada uno. ¿Cuántos envases llena? ¿Cuántos huevos le faltan para llenar otro envase?

12 Teo lleva en su furgoneta 180 barras de pan. En la primera panadería deja la mitad de las barras, en la segunda deja la mitad de las que lleva, y en la tercera el resto. ¿Cuántas barras de pan deja en la tercera panadería?

COOPERAMOS

Interpretar señales de tráfico

Técnica 1-2-4

1. Formad grupos de cuatro.

2. Cada uno, de forma individual, debe contestar estas cuestiones.

Magdalena trabaja colocando señales de tráfico. También revisa las señales y cambia las que están en mal estado. Hoy ha colocado las siguientes señales:

SEÑAL 1
Está prohibido el paso de vehículos con una altura superior a 3 metros.

SEÑAL 2
Está prohibido el paso de vehículos con una longitud superior a 10 metros.

SEÑAL 3
Está prohibido ir a una velocidad superior a 120 km por hora.

SEÑAL 4
No se permite circular a una velocidad inferior a 30 km por hora.

EJERCICIOS

1. Julia conduce un camión de 2 m y 90 cm de altura. ¿Podrá pasar por un puente donde aparece la señal 1?

2. Paco conduce un autobús que mide 9 m y 85 cm de largo. ¿Podrá pasar por una carretera donde aparece la señal 2?

3. Un camión mide 2 m y 85 cm de alto y 12 m y medio de largo. ¿Podría pasar por una carretera en la que están las señales 1 y 2?

4. Un autobús circula por una carretera y ve la señal 3. Antes de llegar a ella reduce la velocidad 19 km por hora y pasa por la señal a 68 km por hora. ¿Qué velocidad llevaba el autobús antes de llegar a la señal?

5. Andrea conduce a una velocidad de 19 km por hora y ve la señal 4. ¿Cuánto como mínimo debe aumentar su velocidad?

3. Después de contestar de manera individual, juntaos por parejas y comparad vuestras respuestas. Poneos de acuerdo y dibujad estas señales.

4. A continuación, reuníos con todo el grupo y poned en común las señales que habéis dibujado.

¿Habéis dibujado las mismas señales?

Si no es así, intentad explicar vuestras soluciones hasta que todos estéis convencidos de cuáles son las correctas.

5. TIEMPO PARA HABLAR.

Escoged a un portavoz que explique al resto de la clase vuestras respuestas y cómo habéis llegado a ellas.

¿CÓMO LO HEMOS HECHO? Responde en tu cuaderno.

- ¿Hemos resuelto las dudas en común?
- ¿Nos hemos puesto de acuerdo fácilmente?
- ¿Hemos colaborado todos para aportar las soluciones?

Pon nota a tu trabajo en equipo.

TERMINAMOS EL TRIMESTRE

Un grupo de amigos ha ido a dar un paseo a caballo.
En el folleto han visto el tiempo y el precio de cada paseo.

Tiempo	Precio
1 hora y cuarto	22 €
2 horas y media	36 €
3 horas y cuarto	50 €

1 **Lee y representa en tu cuaderno cada hora en los relojes digitales.**

- Marina comenzó su paseo a las 10 y diez de la mañana. Eligió el paseo más largo. ¿A qué hora terminó?

  COMENZÓ TERMINÓ

- Jorge comenzó su paseo a las 4 y media de la tarde. Eligió el paseo de 2 horas y media. ¿A qué hora terminó?

  COMENZÓ TERMINÓ

2 **Observa el plano y calcula.**

RUTA 1 RUTA 2 RUTA 3

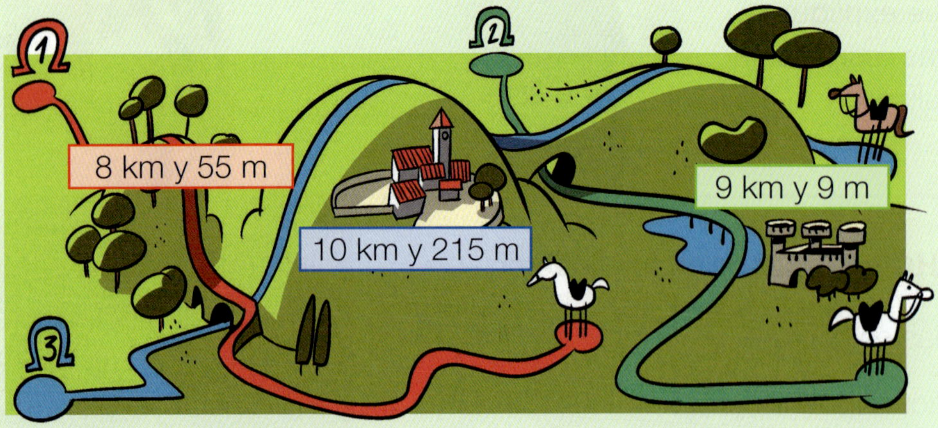

- La longitud en metros de cada ruta.
- ¿Cuántos metros menos mide la ruta más corta que la ruta más larga?
- ¿Cuántos metros le faltan a la ruta más larga para medir 15 km?

3 **Calcula y contesta en tu cuaderno.**

- ¿Cuántos gramos son 3 kg y 27 g?
- ¿Cuántos centilitros son 7 ℓ y 82 cℓ?

4 **Copia esta tabla en tu cuaderno y completa.**

	Prisma hexagonal	Pirámide pentagonal	Cilindro
Número de caras laterales			
Número de bases			
Figura que forma la base			

5 **Escribe la fracción que representa la parte coloreada y cómo se lee.**

a. 

b. 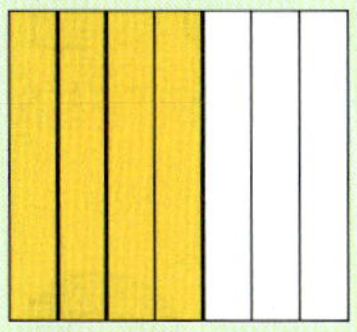

c. 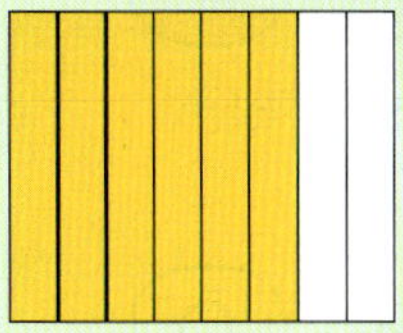

d. 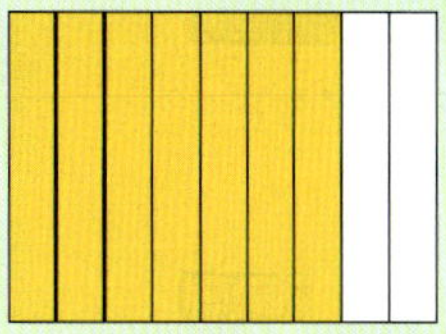

e. 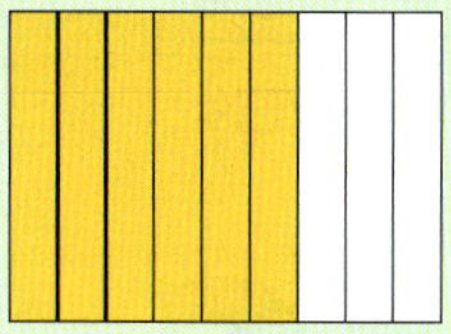

6 **Expresa con un número decimal.**

- Cuatro décimas.
- Treinta y dos centésimas.

7 **Calcula en tu cuaderno.**

- 65,89 + 37,25
- 82,37 − 29,53

Problemas

8 **Observa el gráfico de visitas a este parque natural y resuelve.**

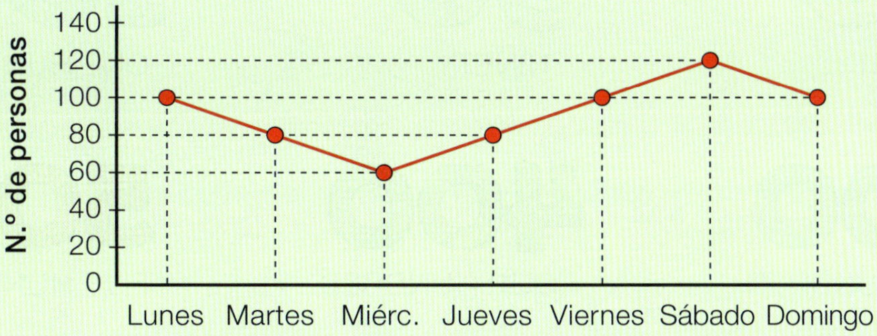

- Los responsables del parque piensan que el próximo fin de semana los visitantes aumentarán en 250. ¿Cuántos visitantes piensan que tendrá el parque el próximo fin de semana?
- La mitad de las personas que visitaron el parque el lunes fueron en autocar. ¿Cuántas personas fueron el lunes en autocar?
- Del total de personas que fueron el sábado y el domingo, un cuarto eran niños y niñas. ¿Cuántos niños y niñas visitaron el parque el fin de semana? ¿Y personas adultas?

1 ONE	2 TWO	3 THREE	4 FOUR	5 FIVE
6 SIX	7 SEVEN	8 EIGHT	9 NINE	10 TEN
11 ELEVEN	12 TWELVE	13 THIRTEEN	14 FOURTEEN	15 FIFTEEN
16 SIXTEEN	17 SEVENTEEN	18 EIGHTEEN	19 NINETEEN	20 TWENTY

30 THIRTY	40 FORTY	50 FIFTY	60 SIXTY
70 SEVENTY	80 EIGHTY	90 NINETY	100 ONE HUNDRED
200 TWO HUNDRED	300 THREE HUNDRED	400 FOUR HUNDRED	500 FIVE HUNDRED

1.000 ONE THOUSAND

2.000 TWO THOUSAND

3.000 THREE THOUSAND

4.000 FOUR THOUSAND

5.000 FIVE THOUSAND

HABLO INGLÉS

THREE HUNDRED AND SEVENTY TWO ▶ 372 ▶

C	D	U
3	7	2

▶ 3 HUNDREDS, 7 TENS AND 2 UNITS

$$\begin{array}{r} 53 \\ +\ 41 \\ \hline 94 \end{array}$$

ADDITION

$$\begin{array}{r} 53 \\ -\ 41 \\ \hline 12 \end{array}$$

SUBTRACTION

$$\begin{array}{r} 21 \\ \times\ 4 \\ \hline 84 \end{array}$$

MULTIPLICATION

$$\begin{array}{l|l} 69 & 3 \\ \cline{2-2} 09 & 23 \\ \ \ 0 & \end{array}$$

DIVISION

---

1 m ▶ ONE METRE

1 kg ▶ ONE KILO

1 ℓ ▶ ONE LITRE

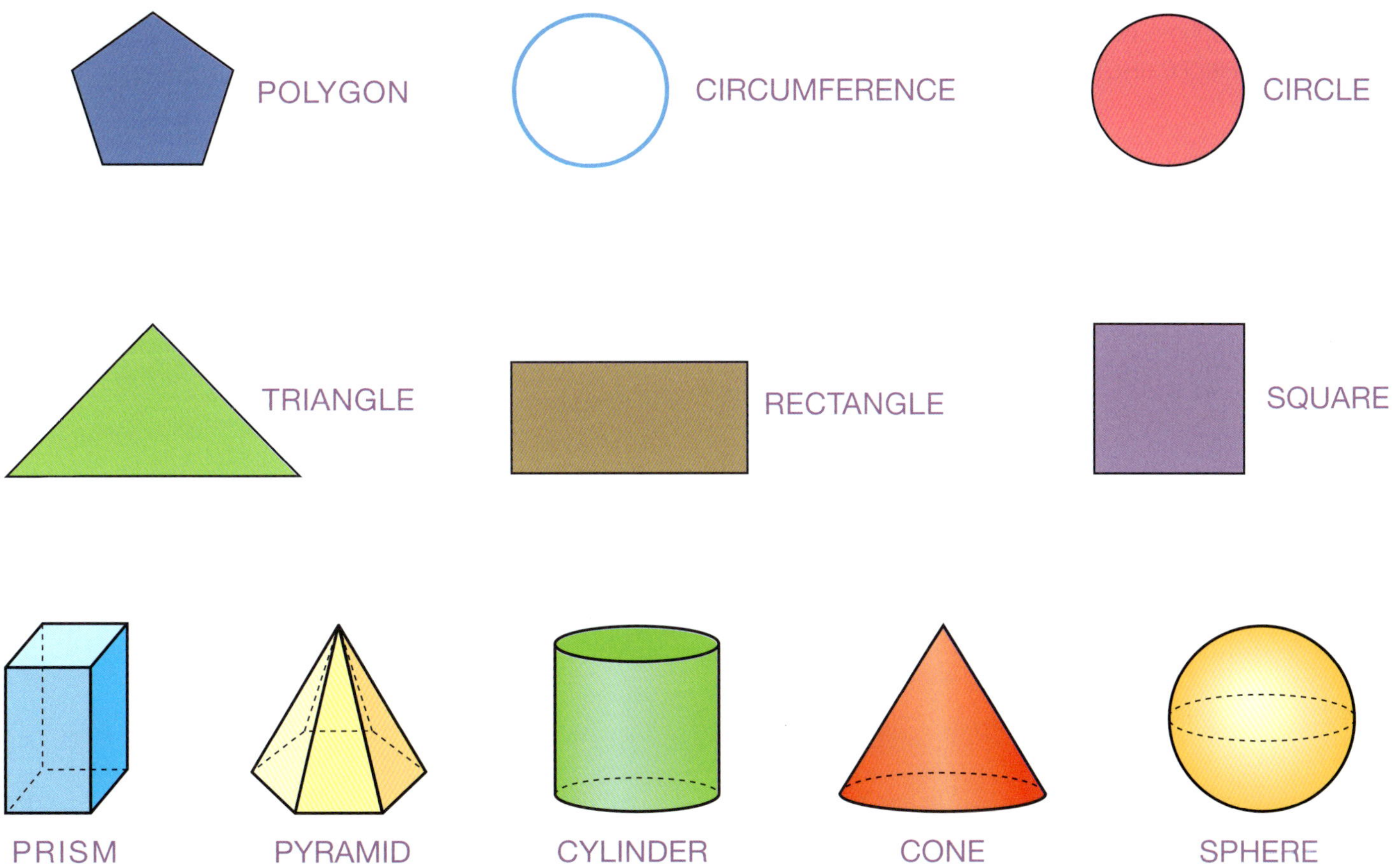

Dirección de arte: José Crespo González.

Proyecto gráfico: Pep Carrió.

Jefa de proyecto: Rosa Marín González.
Coordinación de ilustración: Carlos Aguilera Sevillano.
Jefe de desarrollo de proyecto: Javier Tejeda de la Calle.
Desarrollo gráfico: Raúl de Andrés González y Jorge Gómez Tobar.

Dirección técnica: Jorge Mira Fernández.

Coordinación técnica: Raquel Carrasco Ortiz y Jesús Muela Ramiro.
Confección y montaje: Alfonso García Cano y Luis González Prieto.
Corrección: Cristina Durán González y Nuria del Peso Ruiz.
Revisión de igualdad de género: Belén Izaguirre Fernández.

Documentación y selección fotográfica: Sergio Aguilera Rubio y Nieves Marinas Mateos.

Fotografía: A. Toril; A. Viñas; Alicia García; C. Contreras; C. Roca; F. de Madariaga; J. Jaime; J. M.ª Escudero; J. Rosselló; J. V. Resino; LIGHT HOUSE STUDIO; S. Enríquez; S. Padura; 123RF/ alexsalcedo1, pat138241, pixelrobot, scyther5, scanrail, homestudio, Ilka Erika Szasz-Fabian, grafner, Sandra Van Der Steen, Sirayot Bunhlong, dolgachov, Taiga, Nataliia Pyzhova, 91010ra, Jacek Chabraszewski, olegdudko, didecs, Yuri Bizgajmer, Michael Simons, Antonio Guillem, Steven Cukrov, Dmitry Rukhlenko, madozi, pahham, Evgenii Skidanov, Sergii Moskaliuk, wolna, Joo Lee, Andrey Eremin, Kanstantsin Prymachuk, RIKA NAKAMURA, ronstik; COMSTOCK; GARCÍA-PELAYO/Juancho; GETTY IMAGES SALES SPAIN/Andrea Pistolesi, sunstock, micha360, jallfree, ronstik, njpieri, mladn61, mbbirdy, andresr, Rawpixel, Yobro10, loco75, Xacto, DonNichols, DNY59, Photography taken by Mario Gutiérrez, Photos by R A Kearton, Valerie Loiseleux, Thomas Northcut, Richard Cummins, Photos.com Plus, Michael Burrell, Allard Schager, Photitos2016, aldomurillo, JEAN-FRANCOIS MONIER, cdwheatley, Thinkstock, Ray Moller; HIGHRES PRESS STOCKAbleStock.com; I. PREYSLER; ISTOCKPHOTO/ Getty Images Sales Spain, popovaphoto, denphumi; SHUTTERSTOCK; Gelpi JM; STOCKBYTE; Saitek; MATTON-BILD; Samsung; SERIDEC PHOTOIMAGENES CD; ARCHIVO SANTILLANA.

C/ Rafael Beca Mateos, 3
41007 Sevilla
PRINTED IN SPAIN

ISBN: 978-84-9132-165-1
CP: 934617
Depósito legal: M-33885-2018